城郊景观
评价与设计研究

张园园　宋立民　编著

中国建筑工业出版社

图书在版编目（CIP）数据

城郊景观评价与设计研究/张园园，宋立民编著
. —北京：中国建筑工业出版社，2022.1
　ISBN 978-7-112-26980-8

　Ⅰ. ①城… Ⅱ. ①张… ②宋… Ⅲ. ①郊区—景观—
研究—中国②郊区—景观设计—研究—中国 Ⅳ.
①TU983

中国版本图书馆CIP数据核字（2021）第269008号

　　本书是在课题研究成果基础上对城镇郊区景观设计问题的思考，旨在探讨学科间从"专业细分"到"整体融通"的新视角，即从历史发展层面看景观与环境设计研究需要树立"整体观"视角，从学科分类层面看设计学科发展需要确定"大设计"理念。
　　城镇郊区是人类聚落的特殊形态之一，兼具城市与乡村两种形式。本书将城镇郊区的景观环境作为研究对象，重点关注城郊景观设计理论的研究方法，以"整体与融通"为研究主题。首先，思考城郊景观设计的问题及景观基础理论范畴，提出"整体设计"概念及研究方法。然后，以北京延庆区为例，在调研景观环境历史与现状基础上，分别进行景观生态特征评价、景观生活特征评价、景观艺术特征评价。最后，在结合以上研究成果基础上进一步探讨分析，即从景观设计理论层、景观设计技术层、景观设计方法层提出"整体设计"方案，一是实现"从交叉到交融、从局部到整体、从互动到互促"景观整体设计理念；二是通过"构建服务型环境设计形态、组织多元化景观设计主体、完善机制化环境设计保障"途径的协同设计方法，实现景观设计过程的闭环。另外，本书还从整体观视角探讨环境设计研究及教育教学的启示。

责任编辑：张　晶　牟琳琳
版式设计：锋尚设计
责任校对：芦欣甜

城郊景观评价与设计研究
张园园　宋立民　编著
＊
中国建筑工业出版社出版、发行（北京海淀三里河路9号）
各地新华书店、建筑书店经销
北京锋尚制版有限公司制版
北京建筑工业印刷厂印刷
＊
开本：787毫米×1092毫米　1/16　印张：16¾　字数：298千字
2022年4月第一版　2022年4月第一次印刷
定价：**58.00**元
ISBN 978-7-112-26980-8
　　（38603）

前　言

　　本书是课题组在2017—2020年所完成的北京市社会科学基金重点项目《北京延庆区景观评价与环境整体设计问题研究》以及清华大学自主科研课题项目的研究成果基础之上进一步思考的理论成果，以城郊景观评价与设计的思维方法为主要内容。城镇郊区是人类聚落的特殊形态之一。城郊景观是一个综合概念，它兼具城市与乡村两种形式，又处于"环境整体"背景下。延庆区地处北京郊区，位于城市人口郊区化扩散和乡村人口城市化并存的城郊区域。城郊景观设计需要从部分设计向整体设计的思维方式转变。本书是从学科间"专业细分"视角向"知识融通"视角转变，基于"环境整体观"探讨城郊景观的评价与设计问题。所以本书的主题是"整体与融通"，将环境整体观以及景观评价方法纳入城郊景观设计研究中，通过分析与对比城郊景观环境的"自然生态、社会文化、艺术审美"，以此提出环境整体观视野下的景观设计策略。本书主要内容包含以下四个部分：

　　第一部分，思考城郊景观设计的问题及景观基础理论范畴，提出"整体设计"概念及研究方法。第二部分，在调研延庆区景观环境历史与现状基础上，分别进行景观生态特征评价、景观生活特征评价、景观艺术特征评价。第三部分，从景观设计理论层、景观设计技术层、景观设计方法层提出景观的"整体设计"方案，如实现"从交叉到交融、从局部到整体、从互动到互促"景观整体设计理论，通过"构建服务型环境设计形态、组织多元化景观设计主体、完善机制化环境设计保障"途径的协同设计方法，实现景观设计过程的闭环。第四部分，从整体观视角进一步探讨环境设计研究方向及其对教育教学的启示，设计学科发展需要确定"大设计"理念，设计研究需要树立"整体观"视角，以期引发景观与环境设计的新思考。

　　本书的研究任务主要是博士研究生与硕士研究生们共同努力的成果，如张园园负责书稿整合方面的工作，完成了景观影像艺术作品分析、公共景观空间后评估等内容；程洁心完成了景观生态评价方面的工作；程明负责书稿插图修改及基础理论方面的工作；姚妍华负责在景观概念分析方面的研究工作；吕帅完成了生态哲学研究方面的工作；王映泉、迪力旦尔·地里夏提完成了村落民居方面的研究工作；崔晨完成了风景道规划设计的研究工作；王远超完成了景观诗词艺术的研究工作；陆天启与刘歆雨负责城郊景观方面的文献与时事资料的收集工作，陈媛媛负责研究调研的组织与联络工作。本书在实地调研过程中也得到延庆区相关部门和专家的支持与协助，如延庆规划展览馆、延庆博物馆、夏都公园以及国画家白恩厚先生。

鉴于编者们的有限经验以及时间紧迫，对本书所论述的问题如有疏漏和不妥之处，敬请各位读者指正。

目 录

第10章　整体观视野下环境设计的新发展

1

1 2 3 4 5 6 7 8 9 10

绪论

1.1 研究源起

1.1.1 从历史发展层面看环境设计研究需要树立"整体观"视角

进入信息全球化与资源共享时代，工业时代学科分工已经不是历史问题而是当代问题。工业体系下分工虽然具有一定效率优势，但是在更宏观视角下由工业化导致的精细化专业分工已不能完全满足现实的需要，环境设计实践与理论面临压力与挑战。一是从各细化专业角度思考城区环境问题多倾向于对城市实体空间的研究，或者研究城市与人的社会属性，但未关注人与整个环境的关系，或从整体视角审视景观环境各部分及其之间的关系；二是多从"自上而下"或"局外人"角度提出建设策略，无论是城市实体空间的规划还是生态环境的发展，都应先以当地居民、自然、环境整体作为首要前提，从而形成"环境共同体"；三是在设计过程中规划师、建筑师、风景园林师、设计师以及专业工程师等各司其职、缺乏从整体视角的交流，阻碍专业联动作用的发挥。设计任务多关注设计方案的近期或较短时间尺度，未从更长时间尺度或环境的全生命周期开展设计活动，缺乏从宏观视角思考设计。整体思维成为解决问题的关键，从历史发展尺度看，环境设计研究面临革新与升级的"新"历史节点。

伴随近现代科学思想与技术的兴起，如量子纠缠、平行世界、弦理论、超弦物质等科学研究成果激发学者们重构未来的热情，而人工智能与机器学习、增强现实、虚拟现实、众包与开源数据等技术迭代更新，为各领域整体性研究提供重要支撑。环境与人类生活密切相关，环境涉及人的心理、行为、审美、伦理等各方面内容，学科大发展产生了规划、建筑、园林、生态等专业。环境认知呈现更丰富、更复杂、更综合的维度，而整体、协同、合作是当代环境各专业研究的迫切要求，环境整体性思维是环境设计实践与理论研究的关键。

1.1.2 从学科分类层面看设计学科发展需要确定"大设计"理念

设计是科学、艺术与生活方式之间的桥梁，科学与艺术高深晦涩的专业语汇通过设计"转译"为日常生产生活通俗明晰的形式。实际上，把设计学科划归在艺术学门类下应该是一段历史时期的权宜之计，从设计学科的本质与其今后发展来看，设计学的真实位置应该成为在科学门类与艺术门类之外的独立新门类，它或早或晚地会跳出艺术门类的"束缚"，成为科学与艺术之间的新兴大门类。

设计学被分为艺术与工程两个"阵营"，在新时代背景下，设计应该是"大设计"，设计也应该具有宏观整体特征。从设计学科的长远发展角度来看：首先，作为大设计概念（也被称为泛设计、广义设计等），设计无处不在，设计不仅指与艺术相关的设计（服装设计、环境设计、平面设计、工业设计等），还有工程设计、建筑设计、机械设计、交通设计这类工科类设计，也包括法律设计、制度设计、政治设计、国家"发展路线设计"等宏观类设计，更有发型设计、美食设计这类生活微观小设计。设计对人类的重要性已经渗透浸染于全球生活的各个角落与方方面面，所以设计学科绝不会只局限于与艺术相关。其次，目前欧美各国的设计学科院校很少依附于美术院校或艺术类院校，而是独立设置，已经类似于上述状态。当然，在一所院校中将所有设计类型全部容纳的学校或学科仍在探讨中，但将艺术设计与工程设计融合为一应是大势所趋。

1.1.3 基于课题研究成果对城镇郊区景观设计问题的思考

本书是课题组在2017—2020年所完成的北京市社会科学基金重点项目《北京延庆区景观评价与环境整体设计问题研究》成果基础之上的理论深化研究。在研究过程中，课题组以北京延庆区为例，将景观与环境建设中的整体问题转化为研究内容，将环境整体性思维始终贯彻于理论与实践研究中。

延庆区地处北京郊区，位于城市人口郊区化扩散和乡村人口城市化并存的城郊区域，不同于西方科学管理的高水平城郊环境而具有特殊性。延庆区还处于北京冬奥会沿线的重要节点区域，自然景观资源丰富，人居生态环境优势明显，但在北京各区县中经济不发达，而且经济发展与环境发展并不协调，未充分发挥延庆区环境资源优势。与本课题相关领域多关注城市规划、乡镇建设、旅游策划、景区设计等内容。如延庆区已有规划为京津冀区域协同发展、延庆区新城规划、区域资源规划、城乡统筹、产业规划及延庆总体规划等。目前已知基础成果有：《延庆新城规划（2005—2020年）》《延庆县规划实施评估（2005—2020年）》《延庆规划实施评估用地情况》《延庆十三五规划》《延庆县十二五规划》《延庆县生态文明建设规划（2013—2020年）》《延庆城乡空间发展战略规划研究》等规划方案，以上成果重点关注延庆区职能定位、人口规模、产业发展、空间布局、城乡统筹及环境特色等问题的研究，多以政府及规划部门委托制定城市生态与产业发展相关纲要，或以完成某一具体实际设计项目为任务。课题组通过调研分析后可知延庆区景观与环境建设存在一些问题，如目前延庆区景观建设研究倾向于城市模式或乡村模式，景观建设多基于规划者本位意识，较少强调景观与环境的整体意识。在当代城镇化发展契机背景下，应以景观环境的整体化发展为核心，对延庆区进行科学合理的景观评价并进一步探讨景观整体设计的问题。

通过对北京市延庆区景观评价与整体设计课题研究过程，反观城郊景观与环境的实践与理论研究。城郊景观与环境研究成果有待完善。城市景观与环境的学术研究成果颇丰，且已形成较完善的学识结构和研究体系，如乌托邦城市、花园城市、卫星城市、山水城市、生态城市等理论。钱学森曾提出切莫把城市变成灰黄色的世界，要有中国的文化风格，社会主义中国城市应该是山水城市。山水城市突出了城市规划与营建不仅要关注城市与人的社会属性、更要注重人与环境、城市与环境的整体关系。相较于城市理论研究成果，有关城镇郊区景观环境的研究成果较少。另外，城郊区域与城市或乡村相比，在社会经济发展、资源开发方式、历史文化内涵、艺术审美维度并不突出。社会关注较少，但城郊地区却承载较大部分人群比重，城郊地区占据重要影响地位。城郊景观与环境建设的生态问题、社会问题以及审美问题更鲜明，城郊景观环境建设更需要整体设计理念，不能完全照搬城市建设或乡村建设的理论成果。

因此，本书以北京市延庆区为例，提出对环境整体进行设计这一研究概念，试图从学术角度探讨基于整体观的环境设计理论与方法，形成城郊景观环境的整体研究策略，进一步探讨整体视角下环境设计学科与教育发展的新方向。

1.2 研究概念

延庆区地处北京郊区，相比较北京其他区县经济适中，自然景观丰富，且重视生态环境保护。延庆区还位于2020年北京冬奥会沿线（北京市到张家口市）重要节点区域。目前延庆区经济发展与景观环境建设并不协调，基于社会经济与景观环境的健康发展，在延庆区景观建设过程中，有必要进行科学合理的景观评价及整体设计问题的探讨，为今后景观建设实践提供新的理论研究视角。

景观评价是运用科学理性思维解读景观环境资源的开发和利用方式，是景观设计、建设与管理工作的首要前提和重要工作之一。美国已将景观评价纳入国家立法体系，建立了较完善的国土环境与景观资源评价方法体系，英格兰乡村署和苏格兰自然遗产署共同颁布了 LCA（Landscape Characteristic Assessment）景观特征评价体系，这一体系被广泛应用于区域规划和管理的指导方针。本书从景观环境"整体"出发，将景观评价纳入景观整体设计体系。

整体设计是从整体视角探讨景观与环境理论与方法的协同研究，探索景观环境研究的整体性理论与方法。景观整体设计不仅强调在景观评价之后进行包括规划、建筑、景观在内的设计方法，更关注运用整体辩证思维讨论景观环境问题，以实现环境的系统性、整体性、综合性发展。基于建筑学、规划学、风景园林学、设计学之间学科差异与共通，深入关注多学科交叉研究的创新思维与方法。

整体与融通是本书贯彻始终的研究基调，本书将整体与融通作为景观环境评价与设计研究的核心概念，将环境的整体属性作为研究的前提，在各阶段或各部分研究过程中也坚持"整体思维"。整体是融通的前提，融通是整体考量后的成果。本书基于课题组承担的北京市社科课题研究成果，以北京市延庆区为例，从环境整体视角出发，通过对景观环境设计的理论研究，进一步探讨环境设计实践的"整体与融通"。

1.3 研究意义

1.3.1 研究价值

在应用价值层面：课题组梳理延庆区景观与环境的独特属性，基于延庆区景观控制规划分析，确定延庆区景观评价指标及方法体系，将延庆区景观评价的成果应用于整体讨论中，结合实地调研分析延庆区环境的生态、历史、艺术因素，通过讨论与批判性思考各研究成果后提出延庆区景观整体设计策略，从学术层面为今后城郊景观与环境课题研究提供参考。

在理论价值层面：本书在延庆区景观与整体设计问题研究基础上，进一步讨论整体观视野下环境设计学术研究和学科建设方面的新发展，环境设计不仅关注具体的设计项目，更指向具深层次的思考，本书为环境设计理论与实践发展提供理论依据。

1.3.2 研究创新

在新时代背景下，本书立足于景观设计的理论、方法、策略，将城郊景观与环境的整体设计问题转化为科研课题。研究创新之处有三点：

以理论研究为导向，以延庆区景观与环境为例，立足环境整体观视角，探寻设计实践的指导理论，提出景观环境设计应该实现"从交叉到交融、从局部到整体、从互动到互促"，并试图构建设计学的新架构。该研究从学科交叉、跨学科探索到学科交融，因此，自然科学体系中的生态学、环境学、建筑学、规划学、风景园林学，社会科学领域的哲学、环境美学、艺术学、设计学等多学科多视点的博弈与互动将成为研究方法的重要特征。

以方法研究为目的，提出"构建服务型设计形态、组织多元化设计主体、完善机制化设计保障"新途径。在倡导多学科交叉研究的学术背景下，从整体观视角发现学科交叉的本质共性，强调规划、建筑、景观的一体化，强调策略、设计、实施、管理的整体化设计理念。将数据方法、复杂性科学、可视化等新技术运用于景观评价体系的构建，并应用于景观环境的综合设计实践中。本书以延庆区为例，在延庆区景观环境特征分析基础之上，分别从景观环境的自然生态、文化与生活、艺术与审美，从整体视角讨论与归纳研究结论。

以问题研究为缘起，从目前北京城市景观建设议题出发，将郊区景观环境纳入整个地区建设中，挖掘郊区景观环境建设的潜力。以延庆区景观建设中经济建设与生态环境、人文历史保护之间的问题为切入点，探索当代背景下北京延庆区景观环境整体建设的重要意义，并尝试构建延庆区景观评价及整体设计策略。

1.4 研究内容

本课题研究目标一是为环境设计的理论与实践提供研究参考，二是为北京延庆区景观环境设计提供建设性思路。在研究过程中产生了一些阶段性研究成果，本书筛选代表性论文作为论述内容，以"整体与融通"为研究主题，将整体作为研究前提，将融通作为研究预期。基于整体观提出"对环境整体进行设计"的理念，探讨景观整体设计的整体性理论与整体性方法。

1.4.1 研究思路

首先，课题组界定整体性方法论意义及内涵，以"整体观"贯穿景观与环境设计全过程，避免过度使用还原论分析方法，从整体的视角并利用整体的框架和方法，建立整体性的"环境设计思维与方法论"，即整体性理论研究和整体性方法研究，包括过程的整体、主题的整体、理论的整体、方法的整体、发展的整体、功能的整体、叙述的整体、讨论的整体、策略的整体方面。

然后，调研国内外城郊景观评价及整体设计的研究成果，以北京延庆区为例，其中包含针对延庆区景观评价与环境设计面临的主要问题，基于整体观原则分别研究景观环境的生态、文化、艺术三个方面，整体讨论研究成果，探索环境的系统性、整体性发展，避免仅从某一方面或使用某一变量的线性研究方法，将生态、文化、艺术三个方面作为景观环境整体的一部分。

最后，基于北京延庆区环境设计策略研究成果，进一步从理念、范式、主题等方面阐述环境设计学术研究的新方向，从教育教学理念层面探讨环境设计学科的新发展。

1.4.2 研究阶段

1. 理论研究方面

理论研究阶段重点放在对"城郊景观政策与发展方式""城郊景观与景观评价""整体化与系统化设计"等概念深入分析，重视生态哲学分析方法，尤其是对"设计、景观与生态思想"的理解，结合"生态立县"政策，探索人与自然和谐相处的理念、方法与途径。

理论研究阶段主要包含城郊环境的营建现状与基础理论两个方面，其中城郊环境的营建方面主要包含对国内外城镇郊区环境营建现状的比较与归纳，城镇郊区环境设计实例的借鉴与启发；景观整体设计理论方面主要包含对整体性思维的历史与文化、整体性思维的学科应用等。

2. 方法运用层面

文献归纳与案例验证相结合法：通过国内外相关文献、原著、论文、会议报告及网站资料，梳理中外城郊景观发展史，归纳中外城郊景观发展规律及郊区景观的功能价值，并以实际案例分析论证城郊景观的问题、特殊性及发展趋势。结合采访与实地调研等开展研究工作，选择性借鉴国内外城市与乡村景观评价体系与整体设计发展的最新成果。

辩证思维与哲学分析方法，尤其是分析"景观环境整体"概念，探索人与自然和谐相处的理念、方法与途径，本书将景观环境划分为自然生态、文化生活、艺术审美三大部分，综合讨论各部分之间的关联与关系；设计学结合生态学、美学、哲学理论，探讨区域环境中的生态问题、生活空间与艺术审美问题；在传统调研基础上，采集并分析数据信息和文本信息，从地方志、民间传说、历史故事、网络数据、公众偏好等内容中归纳关键主题和热点用语等方法。

2

城镇郊区景观评价
与设计思考

城郊环境是一个综合概念，景观环境的建设、管理、使用等受多种因素影响。如何通过更适宜的方法建设城郊景观环境？这一问题一直都是国内外城郊景观建设研究的重点问题。日本学者进士五十八认为环境设计的重要价值在于以往设计建筑时只注重建筑、设计桥梁时只注重桥梁的单体要素设计是不能营造出丰富的城镇景观的，环境设计应该将这些要素作为一个整体进行设计。在西方城市景观环境发展历史中，文艺复兴、工业革命、新艺术运动、现代主义运动、城市美化运动及环境保护运动等都影响了城乡环境发展，西方当代城市景观建设趋向多领域合作、综合多学科交叉解决城乡环境问题。多领域合作和多学科交叉是城乡景观问题研究的重要方法。除了城郊环境生态与修复问题，乡村景观规划与设计、城郊景观设计模式和理论等也是目前中国城乡景观发展研究的另一重点。基于学科发展和实践应用的需要，城郊景观环境需要系统、整体、综合的设计理念。本章首先从城镇郊区景观环境设计的现状和实例中归纳具有借鉴意义的启示，梳理城郊景观评价研究成果，进一步讨论并思考城郊景观与环境的发展问题。

2.1 城郊景观与环境研究

2.1.1 城郊景观环境的研究热点

在城郊景观与环境研究中，城乡融合和城镇化背景是城郊景观发展的关注焦点。卡尔·马克思（Karl Heinrich Marx）曾提出城市化与工业化发展促成了乡村与城市之间的从属关系。20世纪初，英国的埃比尼泽·霍华德（Ebenezer Howard）提出建设兼具城市与乡村优点的"田园城市"，这也是城郊景观发展的模式之一。霍华德认为城乡结合将迸发出新的希望、新的生活、新的文明。在20世纪60年代，美国的刘易斯·芒福德（Lewis Mumford）认为城乡应该实现有机结合，郊区正是城市与乡村融合的重要发展区域。

在中国20世纪末时期，城乡一体化理念逐渐得到重视。城乡一体化是将城市与乡村作为一个整体来统筹规划，从而消除城乡在规划建设、产业发展、政策措施、基础设施等方面的差异。城乡一体化是中国现代化和城市化发展的新阶段，在中国社会科学院当代城乡发展规划院2013年发布《城乡一体化蓝皮书》从城乡规划、产业布局、基础设施、公共服务等方面介绍城乡一体化发展内容。新型城镇化建设是在"十八大"报告中提出的政策，将新型城镇化作为中国全面建设小康社会的重要载体。在新型城镇化建设过程中，城郊景观环境研究多倾向于城市模式，城郊景观与环境评价多借鉴城市发展的评价标准。伴随社会、科学、经济以及文化的快速发展，城镇郊区环境的复杂化、综合化、科学化需求愈发得到重视。新城乡规划法将影响整个城市的景观发展格局。在《北京城市总体规划（2004—2020年）》将北京城镇郊区纳入城市总体规划中进行统一规划，城镇郊区景观与环境建设已不仅仅是项目建设问题，如何科学而整体地开展研究工作显得更为重要，城镇郊区的景观与环境建设需要综合而整体考虑。

在城乡融通背景下，城乡一体化是城郊定位以及城郊区域景观环境建设的重要策略。2016年卢福营在《城郊村（社区）城镇化方式的新选择》提到应注意城郊区域的"边缘效应""边缘困境"问题，推进"边缘创新"机制。伍嘉冀《城郊区域的治理模式探究》中总结国内外城郊研究现状，城郊区是形成城乡协同治理、实现城镇化的重要区域。国内将城郊问题归入农村治理研究中，而国外将城郊问题纳入城市治理体系中，城郊未形成独立的治理体系。城郊景观环境评价与设计是城郊区域建设的重要部分，也是城市建设研究的重要趋势。2012年张祖群等在《试论国内外城乡一体化的经验、误区及对北京的借鉴》中剖析了目前城乡一体化误区是将城市化和工业扩展及片面追求国际化，并指出应形成具有中国特色的城乡一体化，大力提升农村休闲经济实力，促进乡村旅游为代表的第三产业发展。

在景观环境科学分析基础上，生态因素是城郊景观规划领域关注的热点。2006年刘黎明等在《城市边缘区乡村景观生态特征与景观生态建设探讨》提出应用景观生态规划与设计的理念，推进城市边缘区乡村景观建设，并进一步推进城郊型生态农业和现代都市农业建设。生态规划也是城市景观环境规划的重点内容。福斯特恩·杜比斯（Forster Ndubisi）在《生态规划：历史比较与分析》中提到城市景观的生态规划设计在北美迅速崛起，其实相较于生态规划而言，美国学界更倾向使用环境规划概念。俞孔坚等在《景观可达性作为衡量城市绿地系统功能指标的评价方法与案例》中以广东省中山市为例，将景观可达性作为评价城市绿地系统对市民的服务功能的一个指标。在《景观与城市的生态设计：概念与原理》中提到生态思维是景观设计学的核心，强调人与自然的合作关系以及形而上的美学思想。在景观与环境的生态格局方面，2015年梁发超等在《近30年厦门城市建设用地景观格局演变过程及驱动机制分析》中借助遥感GIS技术，应用1986—2013年期间7个时间点的遥感影像数据，选取典型景观格局指数，对厦门市近30年的建设用地景观格局演变过程进行分析，探求其动态演变机制。

景观生态格局与空间分析也是城郊研究的重要内容。2012年曾永年等在《长株潭城市群核心区城镇景观空间扩张过程定量分析》中认为城镇扩张是城镇化过程最直接的表现，定量研究与揭示城镇空间扩张模式，对理解区域城镇化过程及城镇空间规划具有重要的意义。利用景观扩张指数定量研究了长株潭城市群核心区1993—2006年城镇景观空间演化过程，揭示其城镇景观空间扩张规律。2015年陆邵明在《城镇景观重构中的全球性与地方性的耦合路径与其界面》中探讨全球性与地方性的耦合机制对丰富城镇地方特色建构理论及其创新发展的重要价值，提出对于全球性与地方性相互关系的认知转变与其耦合要素、策略、路径、界面的建构是应对城镇地域文化危机的必要条件，有利于规避全球文化对地方文化的负面影响，为城镇景观文化的多元共生与健康发展提供科学引导。2018年郭杰等在《城镇景观格局对区域碳排放影响及其差别化管控研究》中认为建设低碳城市作为可持续发展的重要议题在国内外受到广泛关注，开展城镇景观格局对区域CO_2排放影响及其差别化管制研究对建设低碳城市尤为重要，提出城镇用地占比、斑块密度、集聚性在空间上呈现出"东高西低"的特征；除了西部地区的集聚性呈缩小趋势外，其他指标均呈现出扩大趋势。

城郊景观环境不仅包含生态因素，也包含经济、文化、历史等因素，尤其是历史文化价值一直是城郊资源开发的关键。2014年唐鸣镝在《历史文化名城旅游协同思考——基于"历史性城镇景观"视角》中介绍了2011年联合国教科文组织提出的《关于历史性城镇景观的建议》，通过"历史性城镇景观"具有广泛背景的思维视角、多维度的整体性方法，探讨现阶段历史文化名城旅游存在的问题，并提出旅游协同发展的战略框架与重要的协同关注点，以此推动历史文化名城保护迈向更为积极和全面的阶段。2013年李良在《历史时期重庆城镇景观研究》中以景观学和历史地理学的研究方法，对重庆城镇历史时期的城镇景观格局、自然景观要素、人文景观要素、景观结构等进行复原，分析不同时期的景观特征，研究其演变的动态规律。2012年李和平等在《山地历史城镇景观保护的控制方法》中认为山地历史城镇是重要的人类文化资源，景观的有效控制对于体现山地历史城镇的综合价值具有重要作用。重点从景观格局保护、景观廊道控制、天际线控制、岸际线控制、第五立面控制和山地空间维护6个方面探索山地历史城镇保护的景观控制方法。

目前城郊景观环境的历史文化价值开发研究，除了通过传统历史视角研究以外还包含形态学方法、叙事法以及时空间分析结合等方法。2017年熊筱等在《基于形态学的历史性城镇景观遗产价值判识与地理过程分析——以庐山牯岭镇为例》中认为当今中国历史性城镇景观的研究、保护与管理多基于历史遗存的现状展开，对其价值认知和保护管理造成一定的不利影响，借鉴城市形态学领域的康泽恩学派理论研究方法，对庐山牯岭镇开展了遗产价值判识与地理过程分析。2016年肖竞等在《基于景观"叙事语法"与"层积机制"的历史城镇保护方法研究》中从联合国教科文组织《关于历史性城市景观的建议》中"价值关联"与"历史层积"理论视角出发，将历史城镇的景观对象视为承载城镇发展演进过程内在价值信息的"文本"进行解析，提出顺应城镇景观"层积叙事"规律的"有机保护"策略，将对历史城镇的保护内化入其自身发展更新的演进过程之中。2016年顾玄渊在《历史层积研究对城市空间特色塑造的意义——基于历史性城镇景观（HUL）概念及方法的思考》中认为历史性城镇景观是针对活态的世界遗产的一种保护方法与理念，对于城市设计中城市特色的挖掘、评价、选择、发扬、塑造具有同样的借鉴意义，城市设计在塑造"终极蓝图"的同时，更重要的是对实现"过程"的路径设计。2015年肖竞在《西南山地历史城镇文化景观演进过程及其动力机制研究》中以文化景观视角切入历史城镇空间文化关系的分析，建构出历史城镇"文化—空间—时间"的多维分析框架，总结出西南山地历史城镇"初生聚核、发展分异、成熟组织、衰败退化"的演进规律，提出"景观—文化"协同演进的历史城镇活态保护策略，将历史城镇景观演进规律与动力机制作为城镇现实与未来发展的方向指引，创新了历史城镇的保护方法，强化了理论与基础研究的现实意义。

2.1.2　城镇郊区背景下乡村景观与环境建设

国家统计局《中国统计年鉴2019》数据显示，1978年中国城镇化率为17.9%，2017年城市人口数量远超乡村人口达到58.5%，2018年中国内地城镇化率达到59.6%。自21世纪以来，城镇化人口数量多于乡村人口。人口的城镇化发展与指标并不能完全显示城镇化水平，中国是农业大国，乡村分布地带广袤，健康可持续的城镇化发展需要一定过程，乡村与城市一体化发展仍需要一段历史过程。乡村是中国持续稳定发展的坚实基础，与城镇化增速相比，乡村的发展水平和质量不容忽视。黄丽坤认为保护和延续乡村的自我稳定性和乡土的特殊性，确保乡村社会在现代社会的可持续发展，对中国来说是十分亟需且严峻的任务。

国家对乡村建设和未来发展密切关注，2005年中国共产党第十六届五中全会提出的建设社会主义新农村的重大历史任务时提出"生产发展、生活富裕、相逢文明、村容整洁、管理民主"等具体要求。2018年2月5日中共中央国务院《乡村振兴战略规划（2018—2022年）》、2019年1月4日中央农办、农业农村部、自然资源部、国家发展改革委、财政部5部门共同印发《关于统筹推进村庄规划工作的意见》等策略。

1. 城镇郊区背景下中国乡村景观与环境建设研究

近年来乡村建设与规划研究涌现较多学术成果，通过整理和归纳相关文献资料可知，目前乡村建设的问题有简单化、片面化、模糊化、碎片化趋势。具体来看：乡村建设较多关注或直接模仿相邻地区建设样式；乡村建设片面追求依靠经济效益或生态效益；地方各级政府衔接不够，并未对乡村建设制定详细和适宜的实施策略；乡村建设相关理论性研究和数据分析较零散，多关注历史古村落建设，缺乏从整体化和多元化视角综合研究。乡村建设与规划相关研究不仅包含文化因素、生态因素，还包含对景观空间规划、旅游资源开发、城乡关系、基础设施建设、农业与农民素质升级、乡村管理与动力机制等论述内容，这些理论与实践研究都共同组成了乡村景观的"全视角"。

城镇郊区背景下乡村景观文化研究需要"全视角"。2013年黄杉等分析了国外典型发达地区的乡村发展路径及其阶段特征，提出"人、地、产、景、文"是乡村发展与建设的影响因素，"产业体系、基础设施、生态环境、地方文化"是国内外乡村发展的动力机制，最后还提出乡村规划与设计等问题。2011年刘沛林在《中国传统聚落景观基因图谱的构建与应用研究》中指出：以往地理学所开展的传统聚落的研究，虽然强调"文化景观"这个核心议题，但偏重于聚落的选址、空间布局及演变历史的研究。引入生物学的基因概念，借鉴聚落类型学的相关方法，对传统聚落景观进行"基因识别"和"基因图谱"建构；将历史地理学方法运用于传统聚落类型分析的过程；以景观基因为视角，以相对一致性原则作为景观区系划分的主导性原则，综合考虑其他原则和方法，尝试性地将中国传统聚落景观初步划分3个大尺度的景观大区、14个景观区、76个景观亚区；根据历史地理学的"文化叠加"与"横断面"复原等概念，结合历史文化聚落景观基因的"信息记忆"特点，提出了基于文化遗产地保护与旅游规划的"景观信息链"理论（即"景观基因链"理论）；在传统聚落形态与结构的分析中总结出来的"胞—链—形"结构分析模式；引入了地理信息系统（GIS），进行传统聚落的数据管理和动态保护与监控。2012年黄斌在《闽南乡村景观规划研究》中提出如何正确应对新农村建设给闽南乡村景观带来的各种影响，继承和发扬乡村特色文化，建立以人为本的传统乡村景观体系，应分析新农村规划与建设的现状，研究出特定区域的乡村景观规划理念和方法。

城镇郊区背景下乡村景观生态研究需要"全视角"。2014年季翔在《城镇化背景下乡村景观格局演变与布局模式——以金井镇为例》中以景观生态学的"格局过程功能"为中心理论支撑，对乡村景观格局演变和布局模式进行系统研究。应用生命周期理论分析乡村景观格局的演变周期，并根据生长曲线设置演变周期曲线，与模型耦合建立了生命周期修正模型。提出了以乡村景观的预测格局为基础，以乡村景观的功能定位与优化配置为数量依据，以乡村景观稳定性的评价结果为空间参考的乡村景观优化布局模式，符合新型城镇化中"不以牺牲农业和粮食、生态和环境为代价"的中心思想。2014年朱怀在《基于生态安全格局视角下的浙北乡村景观营建研究》中认为大部分研究方法只针对单个问题，缺少从环境背景、村域体系、村庄聚落三个层面统筹考虑问题的优势，提出了生态安全格局的基本视角。2017年王敏等在《生态—审美双目标体系下的乡村景观风貌规划：概念框架与实践途径》中认为关注当前中国乡村景观面临的生态冲击与风貌特色危机，正视美丽乡村发展的新需求以及推进过程中所面临的三大误区，引入生态审美理论，以乡村景观风貌在生态价值与审美体验上的要素耦合与内在关联为切入点和概念框架，形成以地域性（Locality）、多样性（Diversity）与服务价值（Services）为联结和关键的乡村景观风貌整体发展思路与基本实践方法。

城镇郊区背景下乡村景观空间规划研究需要"全视角"。2016年田锟智在《美丽乡村建设背景下乡村景观规划分析》一文中认为合理规划和配置乡村景观，对提升乡村居民生活质量、促进美丽乡村建设具有重要意义，提出尊重传统乡村肌理、构建聚落格局，构造尺度宜人的乡村生活空间，发扬乡村地域特色等乡村景观规划建议，为乡村景观设计实践打下理论基础。2015年黄丽坤提出乡村的发展应基于自身的优势和内在动力，更需要建立在农业经济多元化的基础上，同时伴随农民在技术、观念上的自我觉醒和发展，日韩乡村建设经验中对历史文化的重视、对村民自主性的培养和调动等内容值得关注。2007年赵庆海通过探讨中国城市化进程中乡村建设的认识，同时分析城市化进程中国乡村建设实践，提出中国乡村建设应"统筹城乡、科学规划""重视基础设施建设、不断加大资金投入""城乡互动，加快农村产业升级""培育和造就新型农民"。2007年张沛等分析了法国、欧盟、日本、韩国乡村发展与建设的实践经验，指出中国农村发展的制约因素，最后提出乡村建设应突出由政府倡导和推动，政策层面宏观保障；从全局性出发，统筹城乡经济社会发展，缩小城乡二元差距；以基础设施建设为着眼点，破解新农村建设"瓶颈"；严格保护耕地，完善土地流转措施，发展适度规模经营；培育农民提高素质，促使传统农民向现代农业工人转化的策略。2005年陈晓华等分析英国与美国的小城镇建设以及协调城乡发展以及日韩农村现代化建设，提出城市反哺农村、工业反哺农业是城市化发展到一定阶段的客观要求；重构乡村空间结构、实现城乡统筹发展，乡村建设与规划势在必行；在乡村建设与规划中要加大对农业和农村的扶持力度，注重农村居民点体系的合理布局、基础设施和公共服务设施完善与配套；城市化和乡村建设规划是一项系统工程，受多种因素制约，需要处理好城镇和农村、农业与非农业、政府与居民等各方面的关系。

城镇郊区背景下乡村景观旅游开发需要"全视角"。2016年金华等在《低碳旅游需求视角下的乡村景观更新规划——以黎里镇朱家湾村为例》中表示低碳景观建设是21世纪城乡建设的主要内容之一，也是新农村建设背景下乡村经济和环境可持续发展的重要保障，以黎里镇朱家湾村为例，在低碳理念的指导下，从自然景观、聚居空间和行为模式三方面梳理低碳旅游与乡村景观更新的关系，提出乡村景观更新的低碳化策略。2013年郑文俊在《旅游视角下乡村景观价值认知与功能重构》中认为乡村景观具有生态、生产、游憩和美学功能，在旅游新农村建设和乡村旅游大开发背景下，需要重构和深度认知乡村景观价值与功能，从乡村景观释义、乡村景观价值认知和功能重构、乡村景观开发策略4个方面进行了评述和探讨，提出在乡村景观开发过程中应强化景观可辨性、保持景观乡村性、强调旅游参与性。2008年李瑞霞通过分析不同国家立足各自国情采取不同发展路径和战略模式，又分析处于不同发展阶段的国家采取的具有共性措施，提出应成立专门的农村领导机构，赋予明确职权；以县域为单元全盘考虑，树立整体观；调动农民参与的积极性，重塑经济发展观。2004年王云才在《乡村景观旅游规划设计的理论与实践》认为城郊区是为城市提供功能补给的重要空间，游憩行为和适度的农业生产是城郊区重要的产业活动和景观行为，还强调城镇化形成的千村一面和土地浪费成为乡村开放空间景观活动中存在的重要问题。乡村作为城郊区域的重要部分，农业景观旅游是乡村景观资源开发的重点。关于农业景观旅游产业发展问题，2016年肖鸿燚在《中国城郊农业旅游的现状分析与对策探讨》中分析同质化现象、管理水平较低、主体功能不突出等是城郊旅游存在的主要问题，应结合城郊农村旅游优势与劣势，发展城郊旅游产业。

城镇郊区背景下乡村景观建设尺度研究需要"全视角"。2014年鲍梓婷等在《当代乡村景观衰退的现象、动因及应对策略》中通过解读中国快速城市化进程中乡村景观急剧衰退的现象，深入剖析了乡村衰退的原因，提出在国家层面确立与乡村价值一致的政策目标与补贴机制，在区域层面建构完善的空间规划体系及差异化的发展体系，在地方层面以民主自治的公共机构建设为目标，同时利用新的规划工具与方法进行管理与设计。另外，也有直接从乡村景观营建的"整体性"方面论述方法和策略问题。2014年孙炜讳在《基于浙江地区的乡村景观营建的整体方法研究》中基于新形势下乡村景观营建的现实需求以及技术缺失，在整体把握乡村景观价值与内涵的基础上，结合当前科学的理论方法与技术成果，探讨乡村景观营建因地制宜的决策和具体可操作的整体方法，提出乡村景观营建整体方法的立足点并不是发明一套方法或策略，而是倡导向乡村学习，以设计的眼光重新去发现、去提升，以新的价值观和方法论，引导乡村景观系统在经济与社会转型时期健康、平衡发展。

2. 西方乡村景观与环境建设实践

乡村景观环境建设与农业发展密切相关，西方国家20世纪主要关注乡村农业改造与更新。陈晓华等认为英美等发达国家在城市化进程中注重中小城镇建设、协调城乡发展，日韩等工业后发国家在工业化和城市化进程中加强对农业与农村扶持、积极推动农村现代化。黄杉等认为西方国家自20世纪30年代开始通过对传统农业进行全面技术改造，从而完成了从传统农业向信贷农业的转变。国外乡村建设的模式集中在发展现代农业、进行小城镇化规划、乡村改造与更新等内容。

在张沛等论文中提到法国的乡村建设主要通过发展交通运输业、新兴工业、逐步完善国内外市场体系、农业生产方式变革、基础设施改造、传统农民向现代农民转变等措施实现传统乡村向现代社会的转型。黄丽坤认为在20世纪80年代初，乡村出现人口逆转和复兴，乡村优良的生活品质不仅阻止了乡村人口的外流，还吸引了许多非乡村人口来此定居和寻找生活的意义。荷兰通过"农地整理"解决农村、农业发展问题，进行多目标体系的乡村建设，推进乡村经济的多样化、乡村旅游和休闲服务的发展，建设"效益"农业。美国工业与农业协同发展，美国乡村城镇化发展较快，重视中小城镇的发展，形成了自然资源富足型的现代农业。

在赵庆海等研究中指出英国在第二次世界大战期间为解决城市建设的土地问题开始区域规划，如实现城乡协调的大伦敦规划，小城镇建设是核心内容，但是以圈地运动为发轫推动农村人口向城市转移的英国模式被证明也极度伤害了农民利益。李瑞霞等认为德国乡村建设突出工业化模式，注重制度系统建设，从项目准备、目标方案、项目施工与运营以及后期管理等都严格遵循相关法案和规范，但是德国乡村发展过度追求"功能"运作，乡村风貌受到极大损害。直到20世纪60年代，德国开始在全国范围内实施村落更新计划，并提出"城乡生活等值化"理念，农村的生态价值、文化价值、旅游价值、休闲价值都被提到与经济价值同等重要的高度上。

日本在20世纪70年代末就推行"造村运动"，政府从生活环境建设、区域运营管理、村落整治、到生活设施改造等内容，积极进行农村公共设施建设和资源开发等措施，强调乡村资源的综合化，突出乡村建设的多目标和高效益要求，建设高品质和多样化的乡村，积极建设自然资源短缺型的高价农业。除农业发展以外，日本乡村开展"一村一品"建设活动、"生活工艺运动"。在农村建设过程中还注重定性与定量研究，充分利用新技术和新方法形成了科学化和规范化的系统研究。韩国在20世纪60年代城市化进程加快，农村地区生产与生活活动受到冲击，韩国政府采取"新村运动"，联合政府、农民、企业的力量，通过政府资助、农民自主、资源开发等措施推动乡村建设活动。

2.1.3 借鉴与启发

1. 城镇郊区景观与环境宏观层面

城镇郊区环境兼具城市与乡村双重特性，与城市或乡村的区位特征以及形态特征并不完全一致。城郊区域虽处于"边缘地带"，但作为环境整体结构的一部分不容忽视，城郊景观与环境建设需要科学指导，对环境的整体性探讨值得关注。城乡融合与城乡一体化策略旨在消除城乡差异，重要的是，城乡关系的研讨工作有助于对城镇郊区景观环境的深入研究。

城乡融合与城乡一体化理念蕴含"整体观"思想，城乡融合是从人居环境整体视角来看城市与乡村的融合协调关系，所带来的城乡融通也更利于城乡经济的交流与互通，带动乡村经济发展的同时也将乡村纳入城市发展中。城乡一体化理念是将城市与乡村作为一个有机整体综合考虑，避免城乡对立的二元结构。生态因素与历史文化因素是城郊景观环境研究的主要内容，但是生态因素或文化因素并不是景观环境的全部。景观环境作为一个综合概念，需要对生态、文化以及审美等方面进行辩证讨论，从环境的整体视角进行辩证性思考。

2. 城镇郊区背景下乡村景观建设层面

城镇郊区背景下乡村景观建设具有复杂性和综合性，乡村建设不仅属于规划学、建筑学、设计学，还是社会学、经济学、艺术学等多学科协作共促的研究对象。这种"全视角"思维方式有助于我们重新思考乡村景观与环境问题。因此，借鉴国外乡村建设经验和教训，结合国内研究成果对中国乡村建设的启示，乡村景观环境的"全视角"理念值得关注。

从乡村景观与环境设计工作的"全视角"看，应设置乡村建设专门管理机构，建立系统化科学化管理体系，保障宏观布局与微观措施的有序衔接；从乡村景观与环境设计定位的"全视角"看，乡村景观环境设计不仅是乡村景观设计项目，应该深入研究乡村发展与建设的影响因素，建立健全城乡产业互动、人才互动、经济互动等有效途径，注重城乡关系的科学化与整体意识；从乡村景观与环境经营发展的"全视角"看，基于各地方资源优势，发展适度化、多元化、综合化经营新模式，加快农村升级更新。在乡村基础设施建设中，加大医疗与教育的有效投入。同时，重视并调动农民参与的积极性，提高技术与文化素质，注重乡村文化的保护和传承，发展新型农民；从乡村景观与环境设计规划的"全视角"看，提倡乡村规划与建设的科学化，基于地方资源优势和文化特色，探索区别于城市规划的乡村规划新模式。

2.2 城镇郊区景观评价

2.2.1 景观评价及其历史

1. 景观评价

景观评价属于环境评价的一部分。景观评价是指基于生态学、美学、心理学、社会学等多领域研究成果，对景观环境调查、分析与进行评价。景观评价是对景观资源开发、建设及土地利用提供咨询意见，进而从国家战略和可持续发展高度为国土资源保护及利用提供理论依据。从评价景观区域面积来讲包含大中小三种尺度，其中大、中尺度景观评价往往侧重战略层面，而小尺度景观评价的意义是以景观资源保护为主。

景观评价是人类文明史中重要的组成部分，并非当代新鲜之举。目前对景观现状进行评价，是景观规划设计的基础工作，也是人类对待自身生活中物质与精神家园的认识。国内学界一般根据评价的着眼点不同，将景观现状评价分为三类：

体验性评价：着眼于评价主体对于景观质量体验的评价。其中可分为大众（或专家）对于景观体系的一般体验性评价和对于景观视觉美感评价，其成果多为描述性的定性评价。

技术性评价：着眼于评价主体在景观环境中的适宜程度，构建一系列技术性指标作为评价的标准。这些指标是长期以来在实际工作中逐步积累的经验值，如基于当代地理信息系统GIS中视觉可达性、视觉敏感性等评价。

综合性评价：着眼于景观资源整体评价，以确定景观整体风貌和发展方向。体验性评价和技术性评价通常都要被运用到综合性评价中。这种评价的结果大都是一系列的综合指标数值，本课题将应用这种评价体系开展分析研究。

2. 历史演变

科技革命和工业革命以后，欧洲国家领先进入了一个经济快速发展期，城市化的发展在一定程度上唤醒了人们对适宜生活环境的诉求，也促使公众对城市公共空间需求增加。为了促使政府相关部门制定行之有效的政策和法规来保护环境，在协调自然与社会之间关系的同时更有效地利用自然资源，西方国家最早提出了针对风景资源的评价工作。第二次世界大战后，欧洲大多数国家已经建立起保护自然景观、历史名城，景观文化等方面的思维模式。随着环境问题的加剧，南欧国家更加注重景观的历史意义，而北欧和中欧国家的景观政策开始向建立自然科学和生态环境领域倾斜。

早在14～16世纪欧洲封建制度解体，欧洲国家兴起的反宗教反神学的文艺复兴运动推动了科学革命的发展，科学革命包括人文学、医学、生理学以及物理学的变革。在16～18世纪科学研究机构的不断涌现，加速了理论与实践结合的步伐，工业革命的出现便是科学理论的实践验证过程。在这种社会大环境的影响下，西方社会以公共有效性兼具科学理性的评价方式认识自然。更重要的是，社会制度变革深刻影响土地资源的分配及利用，使部分私有土地转变为公共用地（如公园、公路等）。公共用地的出现促使政府和相关部门实施公共管理制度，如对公共用地景观进行科学评价。美国对公共土地的管理已有两百多年的历史，随着公共土地利用不断发展，生态保护意识不断强化，加强了对生态型公共用地的保护。

自19世纪中叶，欧洲开始进行对景观环境资源的保护与利用工作，理性思考始终贯穿于欧洲景观评价的发展历程中。在经历了科技革命、工业革命洗礼后，科学的力量进一步影响景观评价的发展方向。文献记载的科学景观评价始于20世纪初第一次世界大战前的德国。当时的德国在修建高速公路时，考虑行车安全与驾驶舒适性，对道路周边的风景资源进行系统调研和科学评价，进而在评价之后对公路设计进行调整，以合理利用道路周边景观资源。

20世纪60年代以来，环境保护与景观美学丰富了人们对新时代自然观的思考。以美国和英国的生态学家、经济学家、农林专家、景观设计师、建筑设计师等组成的研究团体，通过多次专题会议与论文发表对景观评价的实质性和观念性问题展开深入探讨。如菲利普·里维斯（Philip·Lewis）提出了关于地表水、湿地、陡坡方面的评价内容。戴维德·林顿（David·Linton）针对更加具体的地理地貌提出了不同地形的评价指标。1964年美国威斯康星州立大学教授菲利普·路易斯（Philip·Lewis）提出了关于地表水、湿地、陡坡方面的评价内容。1968年美国加利福尼亚大学伯克利分校景观设计教授伯顿·林顿（R·Burton·Litton）提出对自然资源评价研究主要关注距离、位置、地形地貌、空间以及光线等因素。1969年麦克哈格（Lan·Lennox·McHarg）在《设计结合自然》中总结了他的哲学思想和生态规划理论。进入20世纪70年代之后，景观评价的研究在学术和实践层面迎来大发展时期。

2.2.2　景观评价因子构成

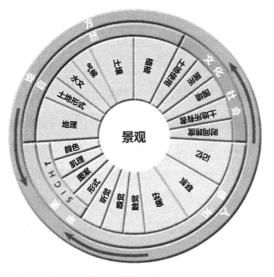

图2-1　英国景观特征评价指标环

景观评价是否可行？在陈宇的景观评价研究中指出，这取决于我们对视觉客体与形体要素、视觉主体与人的视觉生理、思维机制与认知以及合理的价值标准、科学的评价方法和手段等方面的研究。其中所依据的评价指标及评价因子在整个评价过程中占据重要的地位，评价因子是形成评价指标体系的重要组成部分。景观评价因子根据区域尺度范围不同而有所不同，大尺度景观评价应基于区域规模大，数据庞大而复杂、无法涉足区域、历史变更等问题而修订适宜的评价因子及评价指标。以中小尺度环境景观评价为例，英国自然协会（Natural England）专家Christine Tudor在《一种景观特征评价方法（An Approach to Landscape Character Assessment）》（2014年）构建了英国景观特征评价指标环，如图2-1所示，此评价指标是由自然属性、社会文化属性、感知与美学属性三个体系构成。

自然属性较为明显，涵盖土地覆盖（植物群和动物群）、沙土、空气与气候、水文、地形及地质等因素。依据区域景观所需评价因子，可得到有效评价数值并评价等级：如该区域内地形地势的空间组合方式、植被配置、动物种类等多样性程度；水体的水质、形态、范围等量化考察；区域内空气质量及气候变化情况；景观客体与公众的参与度或体验度之间的关系等。

社会与文化方面包括土地使用和管理、环境、土地所有权、时间维度等因素。依据景观所处地区社会环境与历史文化环境评级并得到有效数值：如土地使用类型和管理情况；社会相关部门对景观的支持力度及资源配置情况；历史文化发展、遗址文化保存及其公众之间的关系情况等。这一部分多考虑社会经济结构演变、社会历史文化发展、公众心理变化等方面对景观的影响。

感知与美学方面，可见（视觉）因素有色彩、结构纹理、图案模式和形式等因素。在景观环境中，可见因素组合配置所呈现的视觉审美感知程度，如景观层次感、景观色彩丰富度、景观如画性等；非可见因素是从人自身的听觉、嗅觉、触觉等感官感知出发，考察景观与人更多维度的互动体验程度。除此之外，还涉及美学感知中如记忆、联想、喜好度等评价因素。基于艺术学科视角下的景观视觉审美与空间美学，是景观评价不容忽视的重要组成部分。在景观评价中，视觉与美学因素与自然因素、社会文化因素同等重要，国外景观评价方法中多通过景观视觉因素和形式美学因素分析景观视觉质量。

2.2.3　城镇景观评价研究

德国景观资源评价可以分为对景观资源价值的评价和对景观美学资源适用性的评价，德国景观评价过程中从主客体两方面对景观进行适用性评价：客体方面指从生态、形态、地理地貌、社会经济和空间指标进行分析评价。景观客体评价在地理学等学科领域得到广泛重视，并出现了有关景观科学（Landschafskunde）的研究。通过科学方法进行景观资源评价为景观政策提供有利依据。德国柏林城市景观规划在建设中以生境制图（Biotope Mapping）为基础，以保护自然为目的，协调社会土地管理事务，结合公众参与方式促进景观规划建设的进程。生境制图是通过使用地图识别、分类并评价景观空间的分布和范围信息，生境制图直接为景观政策提供参考依据，景观评价贯穿整个景观分析与建设过程。德国地理学家李特尔（Ritter·Carl）提出人地关系的综合性，以景观整体为切入点提出景观生态学（Landscape Ecology）概念。目前德国景观评价以保护自然环境为主，德国地理学家亚历山大·冯·洪堡（Alexander·von·Humboldt）提出地理学意义上的景观概念，重点强调景观的整体涵义。景观作为地域文化中的一部分，德国研究者对景观之美是否可以被量化这一问题意见至今仍未达成一致，评价结果的准确度和可信度也是德国景观评价研究者关注的焦点。

美国在经济快速发展之时，遇到了环境恶化与危机，在政府推动下，专家们建立了首个较完善的国土环境与景观资源评估方法体系，继而对全美国国土景观资源进行了系统的评估评价。其评价方法是对国土景观资源以保存、保留、部分保留、改造、最大限度改造五种模式进行逐一评价。美国在1970年生效并实施《国家环境政策法》，其中目标之一是"国家能够保证全体国民创造安全、健康、多产的并赋予美学和文化价值的优美环境"。麦克哈格和李维斯在此之前的区域景观评价就已经将景观审美价值放到大量规划和景观建设活动中。其中的"美学和文化的愉悦环境"代表了对景观美学与视觉质量的确认。之后颁布的《荒野与风景河流法案》和《视觉管理系统》进一步将国土景观资源的价值与地位提升到国家战略高度，并始终把国土景观资源的开发管理权控制在国家层面。

继美国之后，英国、法国等欧洲国家在国土景观资源评估方面多有建树，并力促欧盟于2000年通过了《欧洲景观公约》。该公约的一大进步是指出了环境景观没有优劣之分，所有的环境景观都处在生态系统之中，并承担着不可分割的生态角色，对景观的科学评价应从其独特性入手，保护景观的独特性是景观评价的核心目标。

在李春晖等研究中指出，美国景观规划的重点是景观绩效评价，景观绩效不同于其他设计与施工过程中的评估与预测，重视项目建成后的绩效量化，特别是已建成景观的环境、社会与经济效益和效能的综合性能评价研究。景观绩效概念对促进风景园林学科更科学、客观、可度量、可询证具有重要意义。绩效评价最早被应用于建筑可持续性量化中，其中景观环境的可持续性价值常被忽视，特别是环境中室内外绿化、生物防洪蓄水、改善空气质量等方面的绩效量化评估内容。美国风景园林基金会（Landscape Architecture Foundation，LAF）针对风景园林的量化方法以及改进以设计意图为主的设计方法，建立景观绩效系列研究计划LPS（Landscape Performance）。1966年，伊恩·麦克哈格（Ian·McHarg）和约翰·西蒙兹（John·Simonds）等六位风景园林学家在费城独立厅发布宣言，强调风景园林根植于自然科学，是维系人类与自然环境的重要学科，景观绩效是评价基金会研究项目的核心内容。

英国景观评价经历了由评价景观优劣到评价景观特征的过程，目前以区分各景观特征评价为主。英国景观评价起源于乡村事务所，多致力于乡村景观的评价。英国政府与公众参与乡村景观的评价工作，并不断使得评价形式范围扩大化。凯瑞斯·司万维克（Carys Swanwic）将英国景观评价的发展分为三个阶段：20世纪70年代初以景观价值为中心，依赖于景观元素量化的客观评价，从而比较不同景观的价值，但此期重视景观的客观特征，缺乏对景观中文化与视觉美学的评价；20世纪80年代中期是基于景观主客观相结合，综合考虑他人的主观感知情绪，强调景观类别、等级和发展演变的差异性，确定景观的相对价值；20世纪90年代中期，以景观特征为中心，结合历史景观特征描述，从而区分景观特征的描述过程与判断过程。如表2-1所示，20世纪70年代，英国与美国围绕景观评价研究展开多次各类会议。

20世纪70年代围绕景观评价研究展开的各类会议（以英国、美国为例）　表2-1

时间（年）	会议名称/议题	组织机构代表人物	国家	会议讨论问题
1967	景观分析方法座谈会	英国景观研究团体	英国	调查景观特征的有效技术； 调查人们对景观状况反应的技术； 对大量景观资料的有效处理； 整合工作成果与设计程序的方法
1973	景观价值观、认知与资源	ZUBE等	美国	价值观：通过多学科的交叉优势，探讨以人类为主的发展前景和溯源历史中的景观价值； 认知与资源：讨论评价景观质量认知在观念与应用问题，包括景观模拟各种形式的效果、专家与公众的协调性与受评价景观、受评价景观的特性以及特殊景观属性的调查进行描述性评价的差异性、个人主观偏好的差异性等问题
1975	特殊景观与海岸地区景观	美国州立大学	美国	探讨视觉属性与认知、视觉品质、评价方法与海岸地区视觉品质计划问题
1976	景观美质	英国景观研究机构	英国	人性诠释的景观和各学科之间的差异性与相似性问题，如教育、地理学、历史、景观建筑、文学等
1979	视觉资源分析与管理的应用研究	美国林务局、土地保护局、土地管理局等12个机构团体	美国	探讨了景观视觉的描述性研究、电脑与量化研究和心理与社会科学研究等问题

法国的景观评价始于1911年，环境影响评价是法国景观评价的重要部分，主要是针对项目选址和周围景观环境区位分析，特别是对环境中植物、动物、遗址和自然景观的影响，此环境影响分析直接用来确定项目批复或进行景观补偿措施的依据。继美国与英国之后，法国、德国等欧洲国家和日本陆续推出了一系列保护环境和风景资源的法案或评价体系。1973年，联邦德国通过了《自然与环境保护法》。法国一直重视其国土景观资源的保护与利用，其巴黎大区城市保护和法国农业景观开发与利用使法国的景观一直在全世界享有美誉。

2006年欧盟通过了《欧洲景观公约》，该公约是在欧洲各国广泛商讨下的基本共识。公约强调要在法律上将景观视为全体欧洲民众生活环境的重要组成部分，并将其看作是欧洲文化多样性以及各国人民不同生活特征的体现。公约强调了景观政策的制定及公众参与的重要性，并要求将景观评价与国土资源开发、城镇规划、文化与经济产业政策等相协调。欧洲各国的景观科学评价都为2000年《欧洲景观公约》提供有力的理论及实践基础。《欧洲景观公约》是世界上第一份专注于景观的国际性公约，该公约的目的是"在可持续原则的指导下，通过一系列方法促进景观的保护、管理和规划"。将景观定义为："一片被人们所感知的区域，该区域有别于其他区域的特征，是人与自然的活动或互动的结果"。景观特征被认为是专属特性，与传统意义上景观的审美价值不同。《欧洲景观公约》还强调景观是动态的、发展的，不能采取静止的视角看待景观的保护、管理和规划工作。

中国对于景观评价的研究起步较晚，主要的评价方法有定性评价法和定量评价法两种。定性评价法主要用文字对自然景观、人文景观、环境品质等进行描述。目前，定量评价的主要方法有：层次分析法、模糊综合评价法、专家调查法、综合评价指数法、主成分分析法、灰色关联度分析法等方法。自20世纪中期以来，中国许多学者从学术层面开始探讨景观评价相关课题。同济大学刘滨谊提出景观评价由景观意境等八个组合概念构成。北京大学俞孔坚在《景观：文化、生态与感知》一书中系统介绍了美国的景观评价系统与方法，定量评价法更侧重将景观元素进行数据分析。俞孔坚等在《景观可达性作为衡量城市绿地系统功能指标的评价方法与案例》中以中山为例，将景观可达性作为评价城市绿地系统对市民的服务功能的一个指标，他在《景观与城市的生态设计：概念与原理》中提到生态思维是景观设计学的核心，强调人与自然的合作关系以及形而上的美学思想。谢花林等在《城市边缘区乡村景观评价方法研究》中将社会效应、生态质量和美感效果作为城市郊区区景观评价的主要内容，与城郊主体相关的指标是进一步研究的重要内容。王博娅在《基于景观适宜性评价的北京市三山五园地区绿道体系规划》中认为绿道规划是实现北京城市生态规划的有效途径，旨在构建集历史文化、休闲游憩功能的生态保护带。城郊自然环境具有发展的潜力，生态因素是城郊景观评价与设计的重要影响因素之一。

伴随着数据信息技术不断发展，数据资料为景观评价提供更多样本信息。美国在2012年3月启动"大数据研究和发展计划"；迈阿密利用大数据信息，节省水资源、改善公共交通；旅游学专家根据消费者习惯规划旅游线路。大数据技术包含数据采集、数据存取、数据处理、统计分析和数据挖掘等。大数据的采集是指利用多个数据库来接收发自客户端，基于景观特征信息的收集，大数据概念为景观评价过程提供强有力的数据支持，并通过数据分析得到准确的评估信息。

数据数量和数据质量的不断提高，对定量评价法的研究越来越多。清华大学宋立民在清华大学自主科研课题——《中国特色景观评价方法与实施策略研究》中，基于景观环境的整体分析，针对不同尺度区域进行景观评价的理论与方法研究。宋立民等在《清华大学校园景观评价》为小尺度景观评价实践研究的思路，鲁苗在《环境美学视域下的乡村景观评价研究》通过设计学、艺术史学、环境美学理论以及乡村景观评价方法的逻辑推进，构建中国本土的乡村景观评价理论与方法。程洁心在《大数据背景下基于GIS的景观评价方法探究》对应用当代科技新成果进行评价方法进行了研究。聂婷等《基于网络数据挖掘的珠江景观评价研究》、秦萧等《基于大数据应用的城市空间研究进展与展望》等论文从大数据技术在景观评价应用方面，阐述了新技术的发展对景观评价产生的影响。另外，国外城市景观评价与设计实践也开始采用虚拟现实技术、增强现实技术及混合现实技术等景观可视化方法进行沟通景观设计方案。

2.3　城镇郊区景观与环境设计实例

在城镇郊区景观与环境背景下，本节从设计实践案例中归纳国内外城镇郊区景观与环境的设计经验。本节筛选的实例基于以下原则：符合城镇郊区建设区位的设计；涉及多学科交义融合的景观设计；设计策略和理念具备借鉴价值；体现对环境价值观念的思考。

2.3.1　国内城镇郊区环境设计实例

1. 整体性背景下城郊公共公园景观环境设计

张家浜公园是上海八个"楔形绿地"之一，也是上海最大的城郊公共公园。该公园打造了一片前所未有的湿地及林地栖息地，该设计将自然体验纳入城市环境建设中，在提升该区域的环境水平的同时也提高了浦东新区居民的生活品质。如

图2-2所示，该项目由Sasaki设计公司于2015年设计，具有复杂的生态结构以及整体性的解说方式，为景观营建注入了崭新的环境观念。设计团队通过细致严格的空间布局、地形利用、种植策略、水体设计和盛行风利用，呈现了城市公园的生态结构和功能，利用微气候的营造来缓解上海的城市热岛现象，提高空气质量及热舒适度。该项目还通过公共交通系统、公园振兴计划与更新周边地区的城市肌理相关联，也在一定程度上促进了相邻地区的发展。

图2-2 张家浜楔形绿地城市设计及景观概念规划

值得关注的是，该项目关注设计过程的"整体性"：一是充分发挥专家与公共参与的广泛力量，结合客户、来自不同领域的科学家和专家、地区级设计机构，以及其他对本项目感兴趣的团体参与到规划过程中来；二是设计团队整合空闲的工业地块为一个统一的公共开放空间，服务于两个关键的城市核心区。这种形式多样而又彼此连通的游道在宜人尺度上提供了连续而变化的景致和生态环境，人们可以在森林、树丛、带有木栈道的湿地、草甸、草坪和各种场所之间穿梭徜徉。而城市中的主要游线则串联起场地的活动场所，将两个城市核心区紧密地联系了起来。项目从设计构思到实施过程都体现了"整体观"以及"和而不同"的设计理念，如从景观环境的整体、设计团队的整体、工作方法的整体等方面。

2. 整体性背景下的城郊海绵公园景观设计

苏州真山公园位于高新区通安镇，设计尊重场地自然现状，基于"海绵公园"和建设"生产性的低维护景观"两大设计策略指导背景，将一个垃圾填埋场改造为"看得见山，望得见水，记得住乡愁"的城市公园。真山公园整体以一条长约1km的慢行系统贯穿南北两大片区，联系着各功能区；慢行系统由钢格栅栈道及红色玻璃钢座椅组成，建设一个延续场地记忆，发挥土地功能，服务周边群众的弹性公园。如图2-3所示，该项目包含入口广场、滨水休闲、田园湿地、田园山林等区域，提供集游客漫步、观光、休憩、科普教育等为一体的带状功能体验。

图2-3 苏州真山公园项目

设计者将空间、场所、心理等都作为设计考量内容，丰富了公园空间形态，同时带给公众多维度的景观体验。该项目也将设计的外延拓展到社会学、心理学、教育学等领域。该项目不仅完成了设计改造项目，还营造了一个多功能的场所环境，不仅提高了城镇环境质量，还改善城镇面貌，全面提升居住环境体验，取得了较大的社会效益。这种具有综合功能以及社会效益的景观场所体现了一种"整体观"视角，为较大尺度的设计项目提供借鉴与启示，也为景观设计起到影响社会的作用提供参考。

3. 多领域专家研讨背景下城镇景观环境设计

环境教育功能不仅满足人们对自然认知需求，环境对人身心健康的积极影响更为深远。基于儿童与自然环境互促关联，北京延庆区在2016—2018年建设以环境教育为主题的城市森林公园项目，由中国林业科学院设计完成。该项目位于延庆区夏都桥与东边的日上桥之间，毗邻延庆体育公园、夏都公园和妫水河森林公园，此地区在延庆区妫水河上游地段，以杨树林为主要树种的森林。如图2-4所示，该设计旨在成为重建儿童与自然关系的媒介载体，设计主题提出了景观设计师应该为儿童提供环境教育场所的设计能力与社会责任。该团队基于环境教育、城市森林与风景园林理论，以97个保护地的环境教育（宣传教育）基地作为前期研究样本，研究数据源于国家林业和草原局研究项目，召开社区、专家、官员等各类座谈研讨会议。

图2-4　北京延庆区城市森林项目

在规划与设计过程中，这种多领域协同合作的方式凸显了一种"整体观"视角。在使用与管理过程中，该项目突出景观与环境的教育功能，增强了景观设计的社会影响力。该设计将景观环境作为一个复杂的多学科概念，不仅仅是一种物理空间概念，景观与环境建设需要多维度的研究方法。该团队还建立了一套以环境教育理论的规划设计调查评估程序，完善了设计方法的整体性，为景观规划设计提供科学的工作方法。

4. 生态与艺术共促城镇景观环境可持续发展

河北迁安市三里河绿道设计，由北京土人城市规划设计公司于2010年完成。三里河为迁安的母亲河，承载着迁安的悠远历史与寻常百姓许多记忆。该团队通过沿绿带建立供通勤和休闲使用的步行和自行车系统，与城市慢行交通网络有机结合，生态走廊的中段穿越了人口密集的社区。如图2-5所示，其中800m长的红色"折纸"走廊独具特色，受当地著名的剪纸艺术的启发，折纸走廊贯穿于本工程的中心地带，这些中国红艺术品是由玻璃纤维制成的，曲曲折折地摆放于以前的河道边上早就存在的柳树下。艺术被融进了这个生态复原景观，通过融合当地传统特色的艺术设计形式更获得了民众的社会认同。

图2-5　河北迁安三里河生态廊道

这种多重功能和复合形式体现了"整体设计"的视角：一方面该设计兼顾景观环境中生态与文化因素，并未偏颇依赖于某一影响因素，通过生态与艺术共促方式实现景观环境效益；另一方面该设计方案整体性思考景观设计中生态、社会、文化因素，在建成后产生了生态效益、经济效益、社会效益等多重价值，其产生的生态效益及其对新美学的阐释，促进了该地区的可持续城市发展。

5. 村民共建背景下城郊乡村景观环境

如图2-6所示，四川省德阳市高槐村的乡村振兴设计，经过第一次乡村振兴改造后，由环球地景设计有限公司于2018年进行深入研究。该团队基于生态振兴策略，通过修复生态系统，改善人文环境，强化在地性记忆与情感，更重要的是发挥村民集体的力量，引导"村民共建"，充分利用有限资源，并实现资源的可持续发展和利用，从而达到高槐村的活力复苏。基于"整体观"视角，"村民共建"从参与主体层面将村民作用纳入环境整体中，避免仅依据规划者角度设计景观。

其中两点值得关注：一是以生态方式推动精神文明建设，引导村民共建方法，该团队修缮村落集会广场、规整街道，打造生态宜居的乡村环境，引入微生物分解垃圾的技术，简单高效地指导村民及产业经营者自主利用微生物发酵降解处理餐厨

图2-6　四川省德阳市高槐村乡村振兴总体规划

等生活垃圾，减少环境污染。在景观节点的设计上，多选取村民熟悉的当地材料，节约资源，保持生态资源，同时为村民提供多个基础岗位，增加村民就业率，从物质基础方面实现共建。生态建设带来的就业增收调动起村民的积极参与性，该项目以"传统手工艺、农家味道、绿色果蔬"等形式助力乡村建设。这种村民共建模式在乡村建设中仍具有较大作用。二是利用有限资源创造多元化业态空间，吸引资本与人才的"返乡"流动实现可持续发展，也为解决普遍存在的共性问题提供了参考价值。

2.3.2　国外城镇郊区环境设计实例

1. 多元化整体背景下郊区社区环境设计

2015年，设计公司MVRDV联手房地产开发商Traumhaus对德国曼海姆（Mannheim）前美军基地的部分空间进行了再开发，整个设计体现了对于当代城郊社区和村庄现状的态度与思考。如图2-7所示，一是混合的住宅和公共空间使生活变得丰富多样。二是独特的私家花园成为公园和公共绿地的延伸，在保证较低生活成本的同时，让郊区生活变得多元、丰富，也让居民更加团结，私家花园的设计符合居民的生活习惯，并与散布在场地各个角落的公共公园连接在一起。三是多元化的个体住宅与社区生活。四是公园道与公共活动区域分布，以丰富而高品质的多元社区生活改变以往郊区居民之间较少联系的生活状态。四通八达的道路模糊了"村落"与周边公园的边界。外围的绿地空间通过道路渗透进场地，与社区内部的体育公园以及果巷、蝴蝶花园等生态主题公园相连接。五是不同模式的私家花园、住宅被划分为五个大类，按照预估的比例和数量交错放置，形成了社区多元化环境形态。

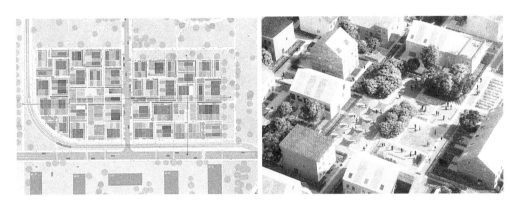

图2-7　德国曼海姆社区

　　这种混合型住宅、交错式布局、便捷化道路形成了多元化社区，该设计从社区环境组成部分及其各部分之间的关系两个层面体现了环境设计的整体视角。在社区环境组成部分层面，将社区营造从实空间拓展到虚空间，从狭义空间扩展到广义空间。在多元化社区环境建设中，社区的住宅、居民、生活等都需要从环境的整体出发，避免局限于单独强调环境的某一因素或某一条件。在社区环境各部分之间的关系层面，该设计注重各部分之间的关联，将居住空间的花园与公共公园连接起来，并且还强调居民之间相互关联的生活状态。

　　2. 整体数据背景下街区环境设计

　　在荷兰赫尔蒙德，UNStudio设计了一个"全球最智慧街区"（The Smartest Neighbourhood in the World），整个设计过程由UNStudio（项目领导和城市规划）与Felixx景观建筑规划公司（生态和景观）、Metabolic（循环性和气候变化适应）、Habidatum（数据分析）和UNSense（数据和技术策略）共同完成。该项目基于多领域的最新见解和技术，包括循环性、公众参与、社会凝聚力和安全、健康、数据、新的运输技术和独立能源系统，该项目共同促成一个独特的可持续生活环境。

如图2-8所示，Brainport智慧街区类似一个"生活实验室"：围绕中央公园建设的混合住宅社区，并在四周形成商业空间和自然保护区。该街区旨于发展建筑和景观的全新关系，从而在相互关联中提升质量水平。其中，景观作用是为食品、能源、水、废物处理和生物多样性等方面提供积极的生产环境。Brainport智慧街区是一个集生态、社会和经济可持续发展的框架。项目早期引入循环系统概念，使不同规模的创新解决方案协同合作。在工作方法上，Brainport智慧街区是按照设计和建设逐步推行，共同协作，在完成过程中注重发挥科技的积极作用，如Brainport智慧社区的技术平台，用于分享数据和信息，为景观、建筑、公共空间的高效运作提供基础。

图2-8　荷兰赫尔蒙德的Brandevoort区Brainport智慧社区

在新科学技术时代背景下，人们与景观环境相处模式的内容被转换为数字信息、文本信息、影像信息，这些数据信息提升了研究的科学性，突破了传统研究方法的桎梏，借助新技术手段更"整体"地掌握实际情况。例如通过采集并分析数据信息，使生态、社会、经济、文化等内容纳入研究中，更全面、高效、准确掌握景观环境信息，为各地区环境的定制化研究提供依据。

3. 跨专业协同背景下滨海社区环境设计

如图2-9所示，滨海社区（Seaside Walton County）位于美国佛罗里达州墨西哥海湾附近，是一个供居住及旅游度假的多功能社区。在20世纪90年代被《时代》杂志赞赏为"近年来最好的设计"。滨海社区设计是由安德雷斯·杜安伊与伊丽莎白·普拉特共同完成，其制定的"滨海城建设法规"是该项目的重点。"滨海城建设法规"的制定是由建筑师、景观设计师、工匠、房主以及艺术家等不同专业背景的人士共同协商制定，这一法规为城镇设计、景观设计、建筑设计提供政策性框架。

图2-9　佛罗里达州墨西哥海湾的滨海社区（Seaside Walton County）

　　该设计不仅体现了设计过程的整体性，还体现了设计内容和程序的整体性。一是突出强调不同专业交流协作的重要意义，从参与者的整体视角扩大决策参与的深度和广度；二是不仅限于设计方案与项目实施工作，还将设计工作与建设法规相关联，完善景观环境设计的制度化与体系化。

4. 公共利益背景下郊区农业景观环境设计

　　2013年专业奖评审委员会对美国康涅狄格州法明顿郊区的评价是："该设计参考了20世纪40年代、50年代曾经繁荣的农业社区景象，是一个'可食用'的嵌入式景观设计"，如图2-10所示，从"农业城市化，环境敏感性的公路设计，

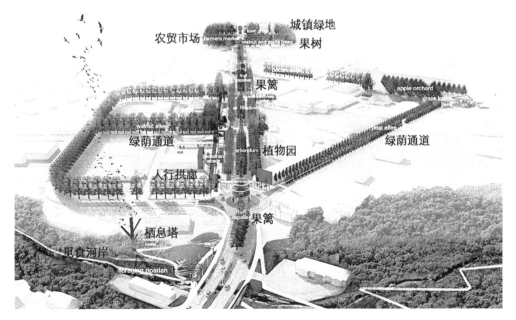

图2-10　美国法明顿城市景观规划

公共艺术规划"三个方面构造一个经典的城市网络。该设计理念有以下几点：一是期望通过景观规划与设计重塑当地的农业景观，重拾法明顿的农业遗产，将郊区共有的五条车道商业大道改造成为可种植瓜果蔬菜的复合型林荫大道，不仅能保证食物供应的持续性和安全性，还能有效促进健康生活方式的养成，形成一个复合式的生态系统；二是通过节点的连续性组织，创造一个适于步行的环境，同时在不依赖资本密集型建筑投资的情况下提高都市生活的品质；三是通过引导标志、建筑物正面、街道设施、灯光、雕塑、纪念碑和其他城市配件等公共艺术的应用发展环境系统，其中艺术功能增大了这些普通元素的可塑性；四是对传统城市道路观念的修正，是以公共空间为主体的改造，启示人们重新思考如何以公共利益为出发点利用公共空间。值得注意的是，以公共利益为主的设计原则体现了整体观视角，是将公共利益作为整体纳入设计体系中，建设具有公共意识的空间形态。

另外，在设计过程中，该团队通过环境与社会数据及分析方法，分析法明顿20世纪受人口增长和生存方式改变的影响而不断变化的城市形态，通过公众参与设计了一个"公路生态矩阵"，通过智能城市农业接口和公路生态矩阵的组合提供多渠道再开发解决方案。这种方法也是从"整体视角"将分散的城镇结构有序地组织成连贯区域。

5. 整体观念背景下景观环境设计

2004年，欧洲委员会（Council of Europe）颁布《欧洲景观公约》，明确提出人们应该"整体"地看待景观生活环境，欧洲景观与环境的规划设计实践多认同这一观点。例如，德国柏林景观规划设计并不区分建设区和非建设区，而是打破"自然与城市"的界限，也就是说突破了人与自然之间的界限。这种"整体"关系将自然融于人的生活环境中，同时将人融于自然环境中，人与自然成为一个共同整体。

在整体观念背景下，德国柏林市景观设计在设计理念、设计原则、设计方法、设计过程中都体现了环境整体意识。该设计自开始就坚持整体原则，首先将柏林城看作是一个完整的景观镶嵌体，然后在整体性思维指导下再进行生境制图等研究，并拟定统一的自然生境保护框架。景观环境作为一个复杂的整体，景观研究需要多学科交流与协作。在设计过程中，柏林城景观规划研究涉及风景园林学、规划学、生态学、保护生物学、环境学等学科，充分展现了多学科合作的重要意义和必要性。除此之外，柏林景观规划中公众参与力度较大，该设计充分调动公众参与意识，实现自然融入居民的日常生活。

2.3.3　借鉴与启发

景观环境设计与人们的切身利益密切相关，景观环境又是一个具有综合化、复杂化、多元化的研究对象，伴随时代发展以及人们需求的变化，景观与环境营建工作面临挑战与革新考验。通过分析归纳国外城镇郊区环境设计实例，对城镇郊区景观环境的研究工作提供参考依据。例如，在郊区社区景观环境设计中，环境的整体设计不仅将整体划分为各部分，还应关注到各部分之间的关联关系，从而形成具有整体性关联的系统；在街区景观环境设计中，人们可以看到新研究方法实现了从个体样本到整体样本的升级，从个体化、特殊化、精准化向趋势化、整体化、协同化转变；在滨海社区景观环境设计中，设计的整体性不仅表现在内容方面，还体现在设计过程和设计程序方面；在郊区农业景观环境设计中，环境整体性还体现在尊重公共意识和公众利益。在景观环境设计中，应将整体观念作为首要前提，积极推进多领域参与者的作用，进而形成整体性的工作方法。因此，通过以上实例可知景观与环境设计的整体问题值得重视。

伴随着当代科学技术发展水平的提高，整体的研究意识逐渐增强。整体意识有助于解决专业细化所带来的实际问题。从各细化专业角度思考环境问题：一是建设工作多倾向于对城市或景观实体空间的研究，或者研究城市与人的社会属性，但较少关注人与整个环境的关系，如"环境"中的人、人与自然的关系、生态与文化、艺术之间的关系等内容。从各细化专业角度思考城市环境问题多属于"自上而下"或"局外人"角度为项目提供工作策略，无论是城市实体空间的规划还是生态环境的发展，都应考虑以当地人民、当地自然的视角为首要前提；二是建设工作多将城市环境特色放在次要研究位置，历史、文化与民族精神方面未得到足够关注和充分研究，尤其是文化传承及合理应用途径等方面。专业细化极大促进社会生产效率和数量，但面临更复杂的环境困境，尤其是人与自然之间的关系等问题，更需要各专业协同合作和学识互通，在提高人居环境质量的同时实现人与环境共生与共促的局面。

2.4 对城镇郊区景观与环境的几个思考

2.4.1 对城镇郊区景观与环境发展理念的思考

传统单一学科很难解决当代复杂的环境问题。应打破学科界限，运用当代各个学科前沿探索的成果，以景观评价为设计依据，立足环境整体观视角，重回整体性思维，探讨环境设计新思路是本研究的核心。

1. 当代环境问题的复杂性与学科交叉的必然性

伴随信息全球化与资源共享时代的到来，各领域已不仅限于研究各自专业内的具体问题，各领域学科交叉特色日益鲜明。环境认知呈现更丰富、更复杂、更综合的维度，而整体、协同、合作是对当代环境各专业研究的迫切要求。宋立民认为，环境设计研究除了已有的艺术学、建筑学、风景园林学理论基础外，也要融入对当代生态学、环境学、地理学、人类学、社会学等学科的深入探讨与研究。工业时代存在的专业分化以及缺乏沟通的弊端亟待解决。景观环境无论是设计实践还是理论探索都需要运用多学科交叉的研究方法。

2. 景观与环境科学研究的技术性

景观作为一门综合性学科，需要科学认知与艺术感知的整体性研究。景观评价是景观研究的重要科学依据，景观评价也是环境建设与景观设计的首要前提。景观评价以及创新设计理念是目前北京郊区景观研究的重要内容，景观评价属于景观与环境研究的组成部分，景观评价为景观与环境提供科学的决策依据。数据与影像信息为景观环境的科学研究提供创新路径。

整体设计是一种打破学科界限、对景观进行整体规划与设计的创新思维方式，是将环境各影响因素置于整体视角内，运用多学科交叉方法协调环境中各相关条件。更关键的是，环境设计作为一门综合学科不仅需要强调交叉研究的方法，还需要探索环境设计与其他相关学科之间的融通共性，这种共性研究是实现学术新高度的重要方法。尤其是马克思主义的整体性思维、深层生态学的整体性思维以及爱德华·威尔逊的"知识大融通"观点，有助于丰富和扎实设计领域和学科的发展。因此，应探索环境的系统性、整体性发展，实现规划、建筑、景观的一体化设计，不能局限于具体设计实践项目的束缚，重点探索环境的系统性与整体性发展。

另外，城郊景观发展模式问题是目前中国景观发展研究的关键，探索城郊景观建设的理念具有现实价值。城乡景观发展也是国内外城市景观建设研究的重点问题，城郊的景观与环境占据较大比重，也更关切到基层人民的利益。

2.4.2 对城镇景观与环境创新发展的思考[①]

中国经济进入高质量发展阶段意味着诸多领域的发展方式需要进行转型甚至变革。2019年4月，国家发展和改革委员会印发《2019年新型城镇化建设重点任务》，提出坚持推进高质量发展，加快实施以促进人的城镇化为核心、提高质量为导向的新型城镇化战略，为城镇化发展指明方向。

1. 新型城镇化在强调以人为核心的基础上，还应注重创新

所谓"城镇化"，是指人口向城镇集中的过程，表现为城镇人口和城镇数量增多。截至2018年，中国城镇化率已达到59.58%，但与发达国家80%左右的城镇化率相比，尚有较长的路要走，同时也说明发展潜力巨大。改革开放以来，中国的城镇化水平有了较为明显的提升，发展模式不断完善。

中国传统的城镇化模式周期短、速度快。城镇化率从1978年的17.8%到2014年的54.7%，仅用了30多年时间，比多数发达国家的速度都要快，但也出现了结构不均衡等问题。大城市在建设规模上急剧扩张，而小城镇及乡村的发展则相对滞后，且人口城镇化率滞后于土地城镇化。大城市不断吸纳农村劳动力，小城镇及乡村地区发展动力不足，老龄化问题严重。此外，一些地区还存在着资源浪费以及生态环境破坏等现象。而新型城镇化是在传统城镇化基础上更高层次的、更加符合中国国情的发展阶段，其涉及人口集聚、非农产业转化、城镇空间扩张以及城镇观念意识转型四个方面。正如《2019年新型城镇化建设重点任务》指出的，城镇化是现代化的必由之路，也是乡村振兴和区域协调发展的有力支撑。

事实上，新型城镇化在强调以人为核心的基础上，还应注重创新。比如，相较

---

① 本部分内容节选自课题组成员阶段性成果——吕帅. 新型城镇化的创新发展之路［J］. 人民论坛，2019（12）：68-69.

于盲目的大规模土地开发，新型城镇化的创新可以通过制定宏观政策推动产业机制融合创新以及生态环境美学创新，让城乡发展更具活力。

2. 宏观政策保障创新之路

新型城镇化创新的主导动力大致可分为宏观政策的引导以及社会资本力量的助推，其中宏观政策的引导对社会资本同样具有重要的影响。比如，政府可以通过带动社会资本完善创新环境，保障新型城镇化建设。

首先，政府应出台相关政策，引导财政进行直接投资，同时拉动社会资本或营建团体共同进行乡镇建设。比如，近年来浙江省杭州市富阳区文村建设改造成效显著，其凭借着著名建筑大师作品的影响力、本土化营建的创新手法引起了人们的关注。当然，受人瞩目的发展得益于浙江省住建厅、杭州市富阳区"美丽宜居村庄"试点化项目的支持。2015年，浙江省出台了《关于进一步加强村庄规划设计和农房设计工作的若干意见》，要求2017年完成4000个中心村村庄设计、1000个美丽宜居示范村建设。可以说，文村建设正是新型城镇化以及乡村振兴宏观政策大背景下的生动案例。其创新之处在于政府财政牵头，通过社会力量介入落实，实现乡镇转型。

其次，要搭建创新平台，优化创新环境。通过提升村镇基础设施与公共服务，优化地区交通网络，鼓励新兴产业发展，在加快人才培养的同时，给予返乡创业的企业及个人以政策优惠。比如，杭州梦想小镇的做法就值得借鉴，其通过定期举办互联网产业论坛、青年创业比赛等大型活动，不断提升影响力。

3. 产业机制融合助推经济创新

在传统的城镇化过程中，由于乡镇特色与资源的挖掘和整合能力较弱，对产业机制的研究不足，导致一些地区盲目开发或追随市场上单一的热点项目，使得建设后期自身的造血能力不足，难以持久运营。城镇化过程中的相关产业涉及轻型加工制造业、农副产品加工业等。而过去乡镇一、二、三产业的发展多处于孤立的状态，导致部分农业园区、工业园区模式固化，缺少联动。新型城镇化建设则突破了单一产业思维，其重视产业机制层面的创新，推动产业复合化、立体化发展。

近年来的田园综合体实践就是对产业机制融合的创新探索。所谓"田园综合体"，是指在城乡一体化背景下，集现代化农业、现代化文旅以及田园社区为一体的综合开发模式。其技术原理是以企业和地方合作的方式，在乡村进行综合规划、开发、运营，实现"三生一体"，即田园生产、田园生活和田园生态。2017年的中央一号文件就明确指出："支持有条件的乡村建设以农民合作社为主要载体，让农民充分参与和受益，集循环农业、创意农业、农事体验于一体的田园综合体，通过农业综合开发、农村综合改革转移支付等渠道开展试点示范。"

可以说，田园综合体整合了多种功能，比如休闲农场、会议讲堂、度假酒店、教育基地、亲子乐园等，使乡村初步具备了吸纳城市休闲群体的能力。传统城镇化发展的问题多是分布较为松散、规模较小、地域空间格局不合理等，而田园综合体在一定程度上弥合了城镇化发展的地缘空间格局，有利于推动城市周边乡村集群的协同发展，能够促进乡镇地区就业。在文化商业品牌搭建方面，田园综合体引入运作较为成熟的市场品牌，使其具备一定的市场号召力和稳定的运营管理模式。以无锡市阳山镇的田园综合体为例，其通过产业机制创新，努力推动三产融合、城乡一体，取得了显著的成效。

4. 生态环境美学探索文化创新

新型城镇化所面对的城乡问题，既是社会发展问题、经济建设问题，也涉及环境美学、文化建设等问题。综合难题需要综合治理，一方面，应从基层生活环境着手，培养美学创新意识，挖掘乡土特色，树立文化自信；另一方面，应关注生态美学思想，将生态美的价值纳入创新思维，探索"绿水青山"模式下的创新机制。

传统城镇化过程中的"千城一面"甚至"千村一面"问题，反映了一些地区对环境美学的忽视。人居环境建设需要环境美学和人文艺术的介入，要充分保护和挖掘乡村地区的非物质文化遗产，自下而上地进行文化创新。比如，河南省平顶山市石桥营村通过公共艺术创作对村镇环境进行微观干预，艺术家尝试在当地村庄的公共空间创作以人物故事传说为题材的壁画。在创作过程中，村民从围观到渐渐参与其中，为其提供了风土人情方面的重要资料。由此，壁画成为艺术家与村民共同展示地方特色的艺术形式，不仅激发了村民广泛参与村镇文化建设的热情，也对当地的环境建设与审美教育产生了积极影响。

当前，中国中西部及东北地区的新型城镇化建设应着力强化生态学理念，对土地开发进行谨慎评估，避免出现以牺牲生态环境以及动植物资源为代价换来的土地开发。对于自然环境优越的地区应尝试建设生态涵养区域，保障国家生态格局安全。同时，应着力发展周边生态旅游产业，打造具有自然风光的特色小镇，进行绿色经济创新，将"绿水青山"留给子孙后代。

总之，新型城镇化建设是中国现代化建设的必要环节，对全面建成小康社会具有重大影响。城镇化发展既要促进人居环境的优化，也要加速人们生产生活方式的转型。因此，本书认为应提倡多元化、多维度的发展模式，解决以往城镇化建设过程中存在的问题，打破城乡二元对立的单一思维，推动新型城镇化全面发展。

2.4.3 对城镇景观与环境价值判断的思考①

目前景观设计中的"以人为本"多关注人的基本需求：安全性、功能性、审美娱乐需求，却忽视了景观空间具有影响人类价值观的社会作用。王向荣在《现代景观的价值取向》中提出景观设计应与时代精神相关，当代景观设计更多是用景观修复城市，这样的景观积极意义不在于创造形式而在于它对社会发展的积极作用。对社会的积极作用不仅表现为解决城市问题，还在于推动城市经济、社会以及精神文化的发展。

1. 景观的公共性以及设计的价值观

景观具有生态性、审美性以及公共性，景观设计不仅可以解决城市问题，还具有影响人类价值观的社会作用，助力城市经济、社会以及精神文化的发展。景观具有生态性、审美性以及公共性，景观设计不仅可以解决城市问题还具有影响人类价值观的社会作用。公众参与不仅是景观设计过程的重要环节，也是探索景观设计发展的新契机。

2. 公众参与及反馈是探索景观设计发展的新契机

弗雷德里克·斯坦纳（Frederick Steiner）在《生命的景观-景观规划的生态学途径》中强调公众参与是公众以公共利益为目的，按照法律规定的形式和程序行使对公共事务的参与权，并表达建议和意见的过程。公众参与需包含一系列媒体和官

---

① 本部分内容节选自课题组成员阶段性成果——张园园. 从公众参与问题探讨"以人民为本"的景观设计理念 [J]. 设计，2020，33（03）：71-73.

方组织委员会，公众参与规划最主要的目的之一是让公众参与政府的行动，公众参与无固定模式。梁鹤年在《公众参与：北美的经验与教训》提出公众参与来源于美国，加拿大其后。公众参与景观设计不仅有利于将公众的社会需求以规范化形式传达给景观设计师，也有利于增强公众对景观与自然环境的认知和保护行为。

自20世纪80年代后国外公众参与研究逐渐影响到中国规划与设计领域，各级政府与部门逐渐认识到公众参与的重要性，通过听取专家和群众的意见，进行媒体宣传和市民投票等形式让公众参与进来。公众参与建设活动不仅需要设计师与公众的交流，政府的支持与组织活动也不可或缺。相比社区与城市建设，目前国内公众参与景观设计的实例较少。

公众参与不仅是景观设计过程的重要环节，也是探索景观设计发展的新契机。当代景观设计应依托民间自治组织及其良好氛围，统筹各类型景观空间中相关利益人，倡导构建一个由政府、规划、设计、公众、艺术家、环境与生态学专家等多领域共同协作的设计平台，促进城市公共环境景观设计的科学化发展。

3. 景观设计的公共性与价值观

将价值观同生态观、审美观一起纳入景观设计中，以中国传统生态观、环境审美以及"仁义道德"价值观作为景观设计的指导原则，重视景观与环境潜在的社会影响作用。"以人民为本"的景观设计是将人的现实属性提升至人的理想属性，即"人民"，从而确立基于满足人的物质生活前提，积极通过景观建设中公众参与以及景观体验活动等影响公众的价值观，从而发挥景观的社会影响力。在"以人民为本"理念指引下的景观设计势必从整体视角关注公众物质需求、精神需求以及价值观塑造等内容。公众参与在构建"以人民为本"景观设计中发挥重要的作用。

2.5　本章小结

本章通过搜索与整理国内外城镇郊区环境营建的理论研究以及设计实践案例，不仅从国外视野借鉴城镇郊区环境建设的经验，还立足国内城镇与乡村环境设计的现实问题。本章旨在发现问题、思考问题、分析问题，为后文的理论研究、方法研究、实践研究提供参考基础和分析依据。

从国内外景观与环境研究理念来看：一是各细化专业角度思考城区环境问题多倾向于对城市或景观实体空间的研究，或者研究城市与人的社会属性，但较少关注人与整个环境的关系即"环境"中的人；二是从各细化专业角度思考城市环境问题多属于"自上而下"或"局外人"角度为政府提供工作策略；三是从各细化专业角度思考城市环境问题多将城市环境特色放在次要研究位置，历史、文化与民族精神方面未得到足够关注和充分研究，尤其是文化传承及合理应用途径等方面。所以，无论是城市实体空间的规划还是生态环境的发展，都应以当地人民与当地自然优先原则的视角为首要前提。从国内外设计实践看，一个国家或地区的环境规划与营建应将"环境整体观"为重要前提，无论是内源力量与外援力量互动、公众参与与政府策略，都应该在追求经济社会发展与自然生态发展的同时，关注文化、经济、生态、社会的协同发展。

针对城镇郊区环境营建的理论与现状，本章还对城镇景观与环境的整体研究提出有关理论指导、创新发展、价值观三个方面的思考。当代环境问题的复杂性与学科交叉的必然性，使得环境景观作为一门综合性学科，需要科学认知与艺术感知的整体性研究，有助于城郊环境营建；新型城镇化在强调以人为核心的基础上，还应注重创新，通过宏观政策保障与生态环境美学推动创新发展；景观的公共性以及设计的价值观，公众参与及反馈是探索景观设计发展的新契机，景观设计的公共性与价值观问题值得关注。

3

第

1 2 **3** 4 5 6 7 8 9 10

章

景观整体思维
与理论依托

伴随人对自然认知深度和广度的提升，追求运用更多科学知识发现并改造自然，创造和提升人类生活空间成为人类的重要目标。工业时代的精细化分工培养了专业化水平，但无形中使各专业过分分化以及缺乏沟通的弊端日益明显。爱德华·威尔逊（Edward O.Wilson）曾指出17、18世纪的启蒙思想家认为知识具有内在的统一性，科学和人文艺术是由同一台纺织机编织出来的，应寻找学术知识的共性是重整日渐瓦解的人文艺术结构的方法。设计学作为一门综合学科不仅需要强调交叉研究的方法，还需要探索环境设计与其他相关学科之间的融通共性，这种共性研究是实现学术新高度的重要方法。前文通过整理城镇郊区景观环境的理论与实例，分析理论与实例对本书课题的借鉴和启发，梳理了景观评价的相关研究成果，还进一步总结并思考城镇景观与环境在发展理念、创新发展、价值判断方面的思考。城镇郊区景观与环境营建需要"环境整体思维"，那么环境整体思维的理论依据是什么？本章以探讨环境整体思维的理论基础为研究内容，阐释景观与环境的概念、中西方哲学理论中有关环境整体思维，进一步分析整体思维在环境空间以及学科应用情况。

3.1　景观的释义与范畴

本书所使用的"景观"与人类生活环境相关。其中环境是基于人类的自我意识和判别意识，是通过将自身与周围环境分别看待而形成了一系列特征或属性。《卫生学大辞典》认为人类的环境包括一切客观存在的自然条件和社会条件，"环境"是在特定时刻由物理、化学、生物及社会各种因素构成的整体状态，这些因素可能对生命机体或人类活动直接或间接地产生现时的或远期的作用。《美学百科辞典》将地理、空间的外部位置规定艺术现象的因素作为"环境"。环境包含自然环境和社会精神环境两种意义，自然环境是与风土（Climat）有关，社会精神环境与精神的气候（Temperature Morale）相关，是指包括政治、宗教、哲学、科学等精神文化因素。《马克思主义百科要览（下卷）》认为环境要素通常指自然环境要素，如大气、水、土壤、生物和各种矿物质资源。这段话明确了人与自然环境的关系，强调了人与自然环境的整体性是人类存在的基本因素。这种整体性体现在人与自然互动的时间角度，国家或地区的空间角度。环境类型包含宏观尺度与微观尺度、实空间与虚空间、室外空间与室内空间等类型。本书基于环境的整体观视角，从"生态、生活、艺术"三个方向探讨城郊景观问题。

3.1.1　景观释义

1. 景观的中文概念

1902年前后由日本植物学家三好学博士翻译Landschaft表达"植物景"含义，当时在日本学界有"景观"和"景域"命名之争。1935年前后陈植在《造园学概论》中正式使用"景观"等同于景色、景致和风景之义。景观起初并不存在于本土语汇的名称词中，可将景观分解释义。"景"是由自然环境为客观存在的形象，"观"是人的感官机制将这种形象传输到大脑皮层所产生的感受。

地理学界首先对景观概念释义及名称用法存有争议。在20世纪这一特定的时代背景下，国内学者多坚持苏联学术研究的方法和理论，国内景观学派对"景观"概念争议较多，认为西方国家景观研究错误地倾向于探究景观表象特征，忽视景观发展与环境的复杂关系。1957年陈传康发表《景观概念是否正确》一文中指出景观是指反映任一地区自然综合情况的形态，而一切自然地理综合体的分类单位也都可以是"景观"。陈传康认为"西方景观学派的追随者们不去深入地研究各个部分的复杂自然发展过程，反而局限于景观的描述。他们用动植物分布（纯粹空间的）组合来代替地理环境中的复杂过程和现象的相互联系"。

除了讨论景观概念是否正确之外，国内学界对"景观"与"风景园林"概念一直存有争议。《中国园林》杂志认为20世纪80年代以来（Landscape Architecture）译名之争实为学科建设与发展所需。俞孔坚主张Landscape Architecture更适合译为景观设计，并指出风景园林名称以唯审美论为核心，与国际LA（Landscape Architecture）说法并非一类，与风景园林相对应的是19世纪下半叶Landscape Gardening。景观一词更偏向于先科学后艺术的理念，是解决一切与人类使用土地及户外空间相关的问题。

在国内使用景观用语的学者中，建筑学领域多关注园林景观与建筑的营造研究。彭一刚在《中国古典园林分析》中认为景观有"景观""观景"两层含义，强调景观的功能意义。刘滨谊在《风景景观工程体系化》中用"风景景观"综合概念，提出景园、境界、山水、风光、景致元素属于景观客观存在的形式，谓之"景观"。刘滨谊在书中列举了国外学者对景观的释义："景观是地形和地表形成的富有深度的视觉模式，其中地表包含水、植被、人工开发和城市；景观是从以观察点所看到的自然景色；景观是乡村环境，在这种环境中，人类得以控制安排起着决定性作用的自然面貌；景观是地表某一地区区别于其他地区的总体特征。这些特征不仅是自然力的造化，而且也是人类占有土地的产物。"生态学领域中的景观概念多倾向于生态系统中景观以及景观的生态价值，如肖笃宁认为景观是具有明显视觉特征的地理实体，这一地理实体是由不同土地单元镶嵌组成；它处于生态系统与大地理区域之间的中间尺度，兼具经济价值、生态价值和美学价值。

相比景观译名之争，与景观相关的概念更能从内涵方面解释景观。中国诗文与景观有关的用语是：景、景概、景风、风景、景致、景色、山水、风光、园林及园林意境、风景园林等概念。中文表述中的景致与景色、风光与景象、山水与风情、境界与意境等概念属于景观文化的重要部分。有关景观形态与人的感知方面，景色、风光、山水与风情多表示美好的景观类型：景色是对景观色彩与景观样式的视觉感受；风光不仅指景观的视觉效果还指代与人相关的隐含义；风情在表示景观审美过程的同时还带有地域特色，并特别强调游赏中的主观感知因素。其中风景一词内涵最广。风景一词最早记载于《晋书王导传》："过江人氏，每至暇日，相邀出新亭饮宴，周岂页中坐而叹曰：'风景不殊，举目有江山之异'"。

另外，有关景观精神与认知方面。园林境界与园林意境即指语言不能表达透彻的艺术境界，是由园林情景交融产生的艺术境界，表达了景观环境对人的心理影响，尤其强调人们在游赏园林景观时的自我精神熏陶。

2. 景观的英文概念（Landscape）

景观是一个包含了自然因素、社会因素和人文因素的综合概念，在人们的每日生活中对周围生存环境的所视所感就是景观。景观的内涵并非仅指中国传统文化中的风景、景色、景致等景观概念，至今国内对从外文转译而来的景观（Landscape）的译名及内涵仍有争议。

关于Landscape的词源概念，景观（Landscape）中的"Land"一词被公认为来源于德国，指代人们所拥有的东西，其中"–Scape"近似于古英语词Sceppan、Scyppan，意思是形状（Shape）。然而从语源学上看，景观概念在欧洲的起源与逻辑也有不同释义，如方晓灵在《法国景观概况——景观概念及发展中的主要问题》

中探讨了景观概念在欧洲存在两个词源：第一种词源是来自日耳曼语系，荷兰语Landschap、德语Landschaft指地区的其中一部分，之后英语Landskip，最后演变为Landscape。在欧洲中世纪，景观仅指地区的意思。15世纪后，伴随着盎格鲁-撒克逊人（Anglo-Saxons）而来，用来专指人工景观空间。第二个词源来自拉丁语系，法国画家创作的新词Paysage专指风景画，之后演变为意大利语Paesaggio、西班牙语Paisaje、葡萄牙语Paysagem。1598年，Landscape被借用自荷兰画家术语而第一次被记载。自17世纪荷兰画派兴起，景观逐渐拥有了美学内涵。这两种景观词源也揭示了景观在欧洲国家有环境空间的客观释义和艺术欣赏的主观释义两种含义。

在词义发展的历史演变过程中，Landscape经历了从个体的视觉审美造园到多学科交叉的地域综合规划过程。20世纪以来，伴随着科技的发展，Landscape发展至今已经具有科学与美学的双重特征。在2000年制定的《欧洲景观公约》明确定义Landscape是："人们感知到的，以自然因素和（或）人为因素作用及相关作用结果为特征的场所"。Landscape不仅包括可被视觉识别的自然和人工要素，还包括非视觉的生态功能、历史价值、娱乐功能以及嗅觉、味觉等。与Landscape相关的概念有Landscape Architecture，Garden Design，Ecologicy，Geography，Environmental Aesthetics等。

Landscape Architecture属于植物学、园艺、美术、建筑、工业设计、环境心理学、地理学等多学科研究范畴，其工作涵盖从乡村到城市范围，从建筑到植物，工作内容包括从公园与校园到公路规划，从个人住宅、民用设施到荒野管理。Garden Design与Landscape Architecture不同，Garden Design以艺术审美与形式设计为核心，始于欧洲贵族别墅花园的景观设计活动。花园设计师以园艺学为设计原则，需要具备设计天赋、审美判断能力、生态知识与文化知识。

Ecologicy是德国生物学家恩斯特·海克尔（Ernst·Heinrich）于1866年提出的概念，属于生物学科的研究领域。Geography一直以来被学界认为是科学之母，是描述地球表面自然与生物形态、人之间关系的科学。美国地理学家索尔（Carl Ortwin Sauer）在1920年的著作中，将地理学定义为"景观形态学"（The Morphology of Landscape），认为景观是由自然与文化特征所共同构成的区域空间。索尔将景观与区域、地区同义。地理学家B.N.苏卡乔夫更重视景观的生态学意义，认为景观是生物群落的地域综合体。地理学家亚历山大·冯·洪堡（Alexander von Humboldt）将景观概念引入地理学，强调景观具有综合意义，即景观是由自然要素以及文化现象共同组成的地理综合体。英国地理学家阿普尔顿（Appleton）认为景观是"被感知环境"，特别是"视觉上被感知环境"。而地理学家博特斯（Porteous）认为景观概念应当包括环境体验中的听觉、嗅觉和触觉方面。德国生物地理学家卡尔·特罗尔（Carl·Troll）认为景观不是精神的建构，而是作为一个客观的"有机整体"。

Natural Environment是指自然环境及与人类活动相关的自然环境。与Landscape中审美因素相关的应该是Environmental Aesthetics，环境美学家将环境理念纳入美学的研究领域中，景观概念也是环境美学家讨论的焦点。卡尔松认为在环境美学中景观含义更近似于景色或风景，而且景观一词更偏向于对主客体关系的研究。美学家布拉萨在《景观美学》一书中提出当代地理学家在科学研究中却偏好于使用"环境""区域"及"地区"这类术语代替"景观"，而且景观已经被人文地理学所采纳。

3. 景观的综合属性

景观作为一个地理实体概念是指在地球表面上所能观察到的资源形式（如图3-1所示），景观与人类的生活、生存密切相关，高原山丘、湖泊海洋、古树河流、山石花木、文物古迹、文化遗产、商贸集市、小广场等都属于景观元素。景观既具有自然生态属性，也具有精神文化属性，与社会发展和人的生活紧密相关。

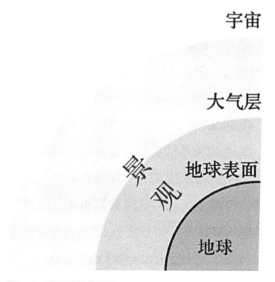

英国景观协会曾指出景观不是静态的，其本义是因人在土地上的活动才使得土地（Land）资源成为景观（Landscape），景观直接反映了人与资源空间的关系。欧洲景观公约在定义景观时着重强调人与景观资源之间的互动关系。景观是发展变化的，景观影响人的心理和生理，人的作用力也使得景观具有了历史过程中的慢变化及建设中的快变化特征。

图3-1 景观所处位置图

通过以上对景观概念的梳理，

可知景观最初是被地理学家们用来表示地理学研究中的特殊对象，尤其是美国地理学家索尔（Carl Ortwin Sauer）将"景观形态学"代指地理学。伴随着社会经济的发展，人们对自然景观的重新认知以及景观活动不断丰富发展，如景观摄影、野营、划船、徒步旅行等。这种休闲意识的不断增强，开始激发环境、生态、艺术等领域研究者思考景观特征及景观体验等内容。与此同时，全球环境危机及污染加剧，使得人们对景观环境的关注日渐突出，对自然景观的期待也不断增强。

"景观"是一个综合的概念，其从词源学上已涵盖主观与客观两种释义。景观不仅涉及景观的客观物理结构信息，而且还包括景观与人之间的关系，两者缺一不可。景观概念因所处的研究领域不同而具有不同的释义，如地理学家把景观看作是一种科学意义中的地表景象、地理综合体；艺术家把景观作为艺术语言表达的对象；而生态学家认为景观属于生态系统的一部分，空间上彼此相邻、功能上相互联系；旅游学家把景观当作资源。

3.1.2　景观的研究范畴

景观研究的对象应包含两个方面：一是景观资源，包括自然景观与生物景观；二是人与景观相互影响形成的景观，包括景观资源的管理、景观发展的历史及人文体验活动。研究内容方面，景观根据自然与人之间的关系可分为对自然景观和文化景观的研究。根据人类感知景观的途径不同可分为视觉景观研究和声景观研究，根据社会经济形态可将景观分为乡村景观研究、城市景观研究、郊区景观研究，根据景观的地域特征可分为湿地景观研究、森林景观研究、江河景观研究等，除此之外还有民族景观等研究内容。

研究方法方面，将景观作为研究对象进行剖析解读的研究可分为景观感知研究和景观认知研究。景观感知研究是以文字描述为主的传统方法，涉及文案调研、实地考察、测绘摄影等多种方法，分析景观历史及对景观的主观感知，落脚于景观营造、景观精神、景观意境、景观情景等感性感知阐述。以中国园林景观为例，童寯《江南园林志》中强调要重视工匠和专业造园技术，并对文人附庸风雅文化进行批评。梁启雄、刘敦桢校补的《哲匠录》、陈植《筑山考》重点叙述了园林营造的能工巧匠。20世纪50年代以后，中国园林研究以刘敦桢、陈从周、杨鸿勋等人通过深入研究苏州园林的照片、文稿、测绘等编成《苏州古典园林》一书。20世纪80年代以来，以周维权《中国古典园林史》、张家骥《中国造园艺术史》、王铎《中国古代苑园与文化》等文献为代表的古典园林文化及历史沿革类综述研究。景观认知研究是基于科学逻辑思维和方法，通过实地调研，运用科学技术、统计分析等方法进行量化研究。无论是景观的感性研究还是理性研究，都需要具备"整体观"，从环境整体视角研究景观，运用多学科交叉研究方法，特别是将景观评价纳入研究中。

3.2 整体视角下的景观概念[①]

3.2.1 整体性景观

整体性景观是描述自然景观和人类活动景象的方式，合理应用整体性景观可以提高国家政策战略的制定。《欧洲景观公约》也提出景观研究需要同时对物理环境和文化环境进行重点关注。因此景观与环境的整体观是围绕环境实体与其中包含的社会关系的观察方法，是对两者之间互相作用关系的总结方法。截至21世纪，景观的本质在中西方都产生了巨大变化，但中西方的景观认知逐渐被相似的社会生产模式统一，形成这种趋势的一部分原因来源于全球化对商品市场的规范化与标准化，另一部分原因来源于资本市场将人对客观世界的思想意识进行"统一"，形成的二元对立意识形态的事实。此外，移动客户端平台建立的大数据使原本抽象的社会关系更加清晰地呈现，成为具象社会关系，使以往资本建立起的经济抽象空间与现实世界逐渐重叠。在这种宏观人类社会发展的背景之下，有必要对整体性景观是什么、景观在整体社会关系中扮演什么角色两个问题展开讨论。

整体性景观的宏观意识形态由三方面组成，一是以经济、社会、文化、环境为基础所产生的整体性认知机制。二是空间发展的延续性造成人对自然生态环境与城市环境之理解差异的统一性。三是以人的视觉作为景观接收终端时，人所产生的移动与停留造成的景观整体性。微观层面的景观整体性从视觉与美学体验角度进行解读，第一，景观的整体体验是对景观视觉评价的一项重要指标。特韦特（Tveit. M）与他的同事通过文献整理的方式，总结出九个关于影响景观视觉整体体验的指标，包括：

---

① 本部分内容节选自课题组成员姚妍华的阶段性成果。

组织协调性（Stewardship，景观是被精心管理与照顾的）、一致性（Coherence，具有完整性的，事物之间具备相互包容的能力）、干扰（Disturbance，受到影响的痕迹、没有合理性的）、历史痕迹（Historicity，历史延续）、视觉尺度（Visual Scale，可视度、开阔度、封闭性等）、想象空间（Imageability，具有地方情感与特色的，别具一格使人产生联想的）、复杂程度（Complexity，多样性，多变的，具有空间形状的）、自然接近率（Naturalness，未被破坏的荒野感）和瞬息能力（Ephemera，季节变化和气候变化会有影响的）。重要的是，这些指标是以自然为主体进行设立的，它不仅包含了正面美学评价，也包括了自然残缺的原生美学体验。第二，关于自然景观所带给人的美学体验，它所提供给人类社会的不仅是文化、经济和教育资源，更多的是美带来的愉悦感。这种景观所产生的美具有普适性，从而形成了审美认知与体验感的整体性。

虽然关于景观整体性和景观体验整体性方面都已经被不同领域的学者进行了较为充分的讨论与研究，但是对于整体景观本质与景观体验之间关系却未被深入分析，即对于景观而言的主客体间的相互关系尚未被明确。这使得整体性景观被讨论时不够清晰，在进行具体景观建设实践时也无法将整体性景观的概念切实落实。本书认为，这种主客体的二元对立关系可能是建立在资本社会发展背景下的一种"副产品"，无论是在进行景观建设还是自然景观保护过程中都缺乏一种辩证而整体的思维方式。其次，过往的整体性景观仅从学科内或学科间交叉层面，也未能与社会发展本质进行有机结合，因此造成了景观内部整体性的认知偏见。景观构成本身一方面是自发的，另一方面是通过被欣赏的过程而被重组。因此，例如经济背景下的旅游业发展，或是政治背景下的政府法规制定都应被纳入景观整体性认知的体系中，这些宏观社会因素可以成为讨论整体性景观发展的背景，为地区未来发展打下更加坚固的基础。最后，现有的整体性景观理论基本来源于西方，却未能成功将中国已有的传统整体性自然观融入，以形成具有中国特征的整体性景观概念。

3.2.2 基于局部与整体关系的景观整体性新思路

对于生态景观而言，整体观所提供的等级系统概念是其基本特征。系统的组成包括元素以及元素间的关系，它是一个可以闭合的因果循环，而生态系统便是一个完美诠释复杂系统的例子。景观中的组织元素及元素间关系构成的系统是什么？

首先，从生物学哲学理论和格式塔心理学角度出发，它们将整体观描述为一种对景观的叙事方式，"整体生态景观概念源自欧洲并逐渐演变成为对具体问题的专业解决导向，而受到景观建筑师、规划师、自然资源保护论者等的拥戴。"安特罗普（Antrop. M）和埃特维尔德（Van Eetvelde）总结了整体性在景观中的几种不同体现：首先，它作为一种语言给予景观这个较为笼统和矛盾的词汇，一个可比较和可对比的系统，使景观可以与其他系统语言进行比对。这种语言描述的不是组成系统的元素特征，而是元素之间关系形成的特征。其次，通过生态整体性景观概念作为基础，整体景观复杂系统中的其中一种结构是可以被明确的，那就是局部和整体的结构关系。因此，这种依托于整体与局部的关系可以将景观空间与其他具有可靠、明确概念的空间（例如住房、乡村、城市等）融合为一个整体，在横向意义上归纳整体性景观概念，而在纵向意义上，局部与整体系统结构启发了人与景观之间关系的思考。另外，整体观除了一种对系统组成的观察方式外，观察者的身份也应当被考虑到宏观系统中。

1. 局部与全局关系：结构学理论

安东尼·吉登斯（Anthory Giddens）在著作《The Constitution of Society》中对社会学结构主义进行了详尽的论证，并提出了功能主义与结构主义的主要区别建立在两者对于生物学的借鉴之上，生物学为前者提供了社会功能组织概念化的方法，但后者却反对生物学中的进化理论。他认为"社会学的研究在结构学的视野下，不是基于社会行为单体，也不基于现存的整体社会，而是那些基于时空秩序而产生的社会实践。"微观或是宏观作为描述社会学、社会关系的尺度也就显得力不从心，因为微观或宏观的体现往往需要时间或空间的尺度变化得到，但实际上，时间和空间在整体结构中可以作为不变量存在，以确保整体性的可靠。基于此，整体性景观的营造机制便是基于时空作为基本不变因子所产生的偶然性或共现现象，即整体性景观中必须要包括对于时间与空间的对应关系，这种对应关系可以通过人的活动产生，从自然变化与生长规律中提取。

目前对于景观时间性的普遍认知是基于季节而产生，包括景观呈现的色彩、气候形成的独特现象或历史产生的文化景观（Cultural Landscape）。如果用更加精简的方式来传达现有景观的时空性、自然内部的时空性、人与自然产生的时空性、社会的时空性。自然内部的时空性主要体现在人的感官体验中，或是动物界的生存规律（如不同地区的季节气候会形成不同的景观欣赏目的或偏好，候鸟迁徙引发的景观欣赏趣味或某种动物繁衍所造成的某一地区阶段性封闭的现象）。人与自然产生的时空性主要体现在欧洲景观条约确立的文化景观，那些具有人文意义的历史建筑与自然的融合空间具备重要的景观价值，对于人与景观未来的时空性探讨不多。此外，人与自然景观的时空关系主要建立在消费与资本的背景下，这样的模式使自然成为较为奢侈的消费产品。同时，城市中的自然被异化，也成了割裂人与自然景观原始关系的工具之一。再就是将人的产物作为自然整体系统中的一部分，景观概念可以建立起人与自然界的关系，而城市与自然交汇空间具备建立这种显现的重要潜质。结构主义为整体性景观提供了两个重要价值：一是明确了时空性对于构建整体性景观的绝对性，二是景观建设除了考虑自然内部以及人与自然交汇的场景外，还需要对人在自然界中的场景进行规划与设计。

2. 局部与全局关系：人与自然的二元对立

目前大多数研究者认为"人"是发出观察动作的一方，而"人"所观察的对象中也包括了人类活动。"（整体）景观（系统）是由（人）对景观认知和这种认知所激发的具体行为交互形成，整体景观系统以当地社会需求、道德观和审美为基础，进行对土地的塑形与组织……与此同时，景观跟随社会需求和价值变化而变化，这种变化是持续发生的过程，而景观的变化不仅限于自然变化也包括经济需求和文化价值的变化"。现有对于整体景观系统的概念仅仅基于浅生态学视角进行讨论，它以人视角理解社会活动及其与自然的交互过程，而忽略了深层生态学视角下的整体景观系统（浅层生态学与深层生态学差异详见后文详述），也就是人作为客体时，景观的全貌尚未确定。景观整体系统的认知需要将浅生态与深层生态学意识形态相结合，在不同的时空节点使用更为恰当的意识形态作为宏观策略制定的依据。

浅层生态学提供了一种人与自然的二元对立关系，也是目前景观美学、景观偏好及景观评价体系制定的主要依据。例如如画性审美方式便是体现这种二元对立关系的具体反映，将自然以艺术美进行评判的本质是自牛顿—笛卡尔时代以后科技与工具主义盛行所产生的一种实践机制，以黑格尔所倡导的"艺术美是最高形式的美"为佐证，从人类中心视角看待景观整体，而将自然作为局部进行的景观整体系统构造不具备足够的整体性本质。因此，整体性的景观认知应该辩证性对待，共同组织成为具有整体性的景观认知与体验机制。例如，在具体的景观设计与规划过程中应保留部分自然原始形态，而非通过一系列"景观节点"的设立建设以二元对立为背景的审美偏好。除了以人眼为第一视角对景观进行构建外，还需要将俯瞰视角作为重要的景观构成证据，非人的景观接受视角质量也应该纳入景观设计与规划的指标中。

因此，现有对景观环境的探讨主要来源于视觉审美或自然生态、社会生活、历史文化等方面的研究，景观应建立在环境的整体特征研究基础上。整体思维视角下景观并不局限于局部特征，而是注重各部分组成的整体环境。在整体思维影响下，景观环境研究强调局部与局部之间、局部与整体的关系。

3.2.3 针对二元对立关系下的整体性景观发展

1. 景观的双重身份

景观从保护层面具有双重身份（Dualidentity），一方面是将景观视为包括物种和栖息地的自然空间，另一方面是具有经济资源、国家领土含义及娱乐功能的空间。马尔库奇（Daniel J Marcucci）也对景观变化的规律进行阐述，他认为景观变化是由生态及文化两方面的共同持续发展而产生，变化因素也会根据时间和空间尺度的不同而改变。例如19～20世纪的欧洲，工业社会中的科技发展速度已远超农业社会中的科技发展速度，而此时自然发展速度却保持恒定或变化不大。"时差"所引发的不平衡发展使人与自然的结构在历史进程中产生巨大变化，而这种变化则直接作用于人对自然的认知方式，大部分这种主观认知方式是片面的和具有时代性的，但同时它缺乏整体观。例如农耕时代人们对于自然的依赖，在经历过工业时代后，转变为对于自然的破坏。此外，人类对自然的态度与行为，与人类需求有直接关系。在1965年奥德姆（Eugene Pleasants Odum）明确了这些需求与自然景观的关系，"我们需要尽快找到社会需求如何与景观作为一个整体的方法，以避免技术使用不当所带来的不利影响。"社会需求与自然之间的必然差距存在于以人为本的社会发展中。奥德姆又指出，如果自然保护也是社会发展的要求之一，那么最大程度的自然保护与最大程度的社会生产是相违背的。这种矛盾不仅只存在于理论层面，而同时也涉及国家层面的政策战略。因此，如图3-2所示，对于政府、研究者和设计师而言，整体性景观这个复杂多元系统尤为关键，它表述的恰恰是人类社会发展的本质矛盾，也就是自然进化与科技发展之间存在的差距逐渐增大所导致的"失控未来"。未知风险"迫使"整体性景观的研究不能仅停留在理论层面，而是它在实际操作中的具体应用，以及应用过后的反馈。

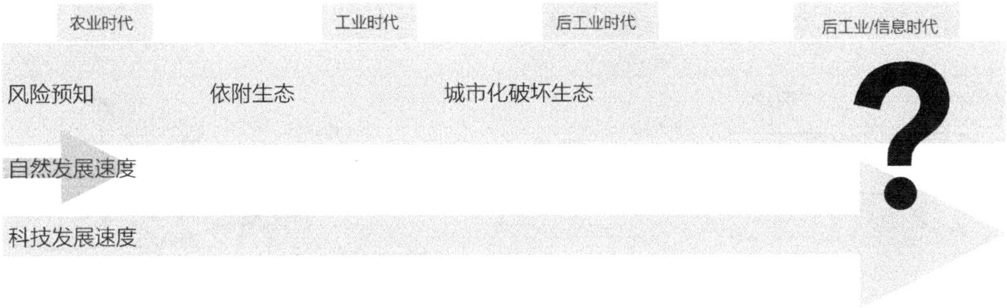

图3-2　自然发展与科技发展带来的潜在风险

　　在美学视角下，整体性景观的需求与人作为生态系统的一部分，而需要进行的生物进化息息相关。它与社会经济视角下的整体性景观是两幅完全不同的画面，这源于景观定义本身的双面性：景观是我们所见的美好风景时；景观作为自然与人交互后的场景时；当景观被称为是英国人理想中乌托邦式"乡村田园诗"时，与上文中人在社会经济整体景观中的主体地位不同，美学整体景观中的人是自然的客体。在这个语境下尝试对整体性景观阐述的难度更大，因为我们通常缺少对于生态世界"需求"的知识。因此，对于美学视角下整体性景观的讨论可以基于人作为生物物种需要不断进化的事实，将"美好风景"作为人类进化过程中学习与认知的内容。在这个过程中，美的感知不仅限于瞬间愉悦感的获取，而是一个综合感受、理解、思考并进行判断的学习过程。美学景观整体性应该从生态学、历史学的角度出发，如弗·卡普拉对生物学的解读中所说："……根植于一种超越科学框架以达到对一切生命整体、它的多样化表现形式的相互依存。"对于构建美学视角下的整体性景观在景观体验理论研究中必不可少，它所推崇的是与生态学一致的理性以及与直觉共同协作的逻辑体系。

　　后工业革命时期的服务生产型社会正转变为以互联网技术为核心发展的交流型社会。在技术的全力支持下，社会需求变得个性化、多样化和复杂化，而对应需求的商品又以统一化的数据通过网络进行精准传送，这种传输的成本变得越来越低。其次，在信息社会中，用作描述社会关系的词汇不再由"生产"主导，而是"交流"。交流的形式由集体交流演变为个体交流，交流本身就是生产过程和生产力。例如人的生活方式在20世纪下半叶依旧与社会贫富阶级有直接关系，消费能力是导致不同生活方式的直接原因，而随着交通与互联网发展，人们的生活方式呈现趋同性。当试图定义以人为本的整体性景观时，需要将社会全景变化纳入，与景观的定义放在时间轴上观察。因此，如图3-3、图3-4所示有以下两个方面：

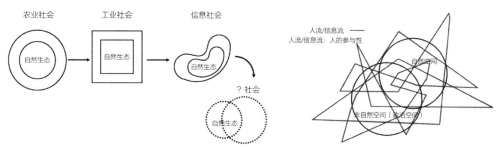

图3-3 人主观视角下的社会经济整体性景观概念图　　图3-4 自然环境视角下的美学整体性景观概念图

一是当人为主体，环境为客体时，整体性景观应该遵循社会生产模式的总规则，应该将景观放在宏观社会运动中进行观察。景观在社会需求发生变化时，其意义也随之变化，这是整体系统内部关系运作过程。

二是当人为客体，自然为主体时，在环境中运动形成的抽象或具象关系。人作为客体呼应景观而产生的运动轨迹是无意识的，人通过在移动过程中所体验的景观发展为美学意识，而美学意识作为一种认知逻辑为人类本能的求知欲提供了养分。

2. 社会经济发展视角下整体性景观

西方工业革命所带给社会的主要影响之一是将社会关系通过商品化重组，它将社会生活中人们对"成为"（being）的精神诉求转变为经济体系下的对"拥有"（having）的诉求。经济发展使社会生活主要依托于物质基础，逐渐取代了宗教的地位。与此同时，20世纪通信行业发展（例如电话、有线电视、有线网络等）提供了"一对一"模式交流的基础，而无线通信对市场的大规模占有则是信息时代来临的真正标志。互联网信息技术的发展使社会交流不再以任何形式依附于物理空间，使其与空间实体分离，将一切事物纳入社会交流的系统之中。于是，人们的生活方式发生了颠覆性的变化，在20～21世纪初叶的社会变迁中，我们可以尝试将自然景观纳入人类社会的主观系统，观察它是如何满足不同时期的社会需求。首先，自然景观在商品化运动以及城市化进程中被赋予了"以人为本"的定义。当试图判断某个自然环境的价值时，社会为其预设了经济市场的大环境，在它成为重要国家资源的同时，也被作为一种不可被复制与不可被大量生产的商品纳入经济体系之中。其次，在人类社会中，市场经济的发展调整了景观的概念，使其与科技发展速度在一定程度上缩短了差距。最大的表现就是自然景观作为旅游发展的核心资源，随着通信技术的发展，一方面景观空间可以产生经济、教育、文化和政治意义，另一方面，当景观被当作旅游地时，也符合社会发展过程中所产生的列斐伏尔（Henri Lefebvre）提出的抽象空间的概念，即自然通过被商品化具备了模糊人们工作与娱乐界限的功能，使其被赋予了经济抽象空间的再生产型社会中的特殊身份。再次，自然作为人类栖息地的呈现方式也因为商品市场发生了改变，它被当作地产经济的附加值，以满足愈发个性化的市场需求。在经济驱动的社会发展大背景之下，自然景观作为客体为了满足人类需求被给予新定义，这种定义极具普遍性和风险性。

自然景观被作为商品而言，虽与传统意义上零售产品有区别，这来自它独特的空间实体属性。但当其作为产品被介绍进入人的生活时，应该引起社会的警觉。在目前社会生产模式下，整体性景观的本质是当景观被看作是具有产生经济价值的空间时，自然与科技之间的关系得到了平衡与制约。这是基于上文中所阐述的自然与科技之间矛盾，其本质所催化出的符合社会需求的一种解读方式。社会经济体系下的整体性景观的第二个特点：可变。例如，信息社会中的景观定义也许更接近信息的各种集合体，这种新身份有别于工业社会中景观可以被定义为商品的情况。虽然他们在关系上存在继承现象，但在事物的本质层面，是两种完全不同的个体概念。信息时代以旅游业的发展为胚体进行数据整合，经过一个周期后，所形成的数据表述的自然景观，将与一切非自然事物共同被纳入信息社会的语境中，完成由商品化转型为信息化的过程。本书认为这种意识形态下的整体性景观概念是一种危险信号，它虽然从某一角度解决了自然与科技之间的矛盾与差距，并大大提高了社会生产效率，但它同时也一定程度上减弱了自然的仪式性、神性。了解在社会经济体系下发展的景观对我们所起的警示作用，在学术研究、设计实践和政策制定中应对其给予足够的重视，以加强对风险的控制。

3. 自然视角下美学整体性景观的内涵

自然环境的美学整体性，可以从学者们对人类行为学和自然关系展开讨论。首先，自然具备了塑造不同人类情感与情绪的能力，不同情绪的产生又与个人的身份和所处社会有关，例如森林、水果树使基督教徒产生的不安，但同样森林对于爱尔兰人却代表皇家狩猎场。因此自然风景或自然元素对人的情绪有直接影响，并且影响的程度以及影响的结果不同。虽然一些经验学派的学者例如玛西亚或阿普尔顿支持景观意识形态的形成唯有通过人的感知而形成。然而阿普尔顿对于人类和其他动物在选择栖息地时表现出的类似性也给予了正面的肯定，他们对于栖息地选择更多与生存刚需所联系，这样的推论具有将人类视为主体的可能性，但值得关注的是，审美因素与生存之间的关系并未在景观话题下进行更深入的讨论。从杜威的自然经验哲学角度而言，美学给予人类愉悦感，当需要满足人的生存与生产时，愉悦感不是必需品，但美在人类潜意识中前置于需求。同时，他也认为塑造审美体系需要完整统一的经验。本书认为，自然提供给人的美学感知和审美素质是源远流长和带有遗传基因的复杂体系，也就是自然视野下的美学完整性景观。它的浅层应用出现在对景观评价系统的完善上，例如LCA中将人的感受作为评价景观的要素，除了经验美学学说外，也包括更具创造意义的美学发展方式。因此，景观评价应不仅是满足需求而发展出的方法论，同时也是人类试图了解自己的一种途径。对待景观评价这一套方法论的态度应该有所改变，应尝试客体对待人的感知与审美因素。从美学整体性景观论述当代人居环境空间，对完善设计过程也有所帮助。如果目前人的参与性活动和共现现象，可能是产生于远古传递的审美的"无意识"移动，这是否可以给予空间一种新的美学解释？以人的参与性与社会活动共现现象作为对空间结构的认知方式，它的全面程度相比于解读而言会更加具有说服力，但这种说法是建立在人的参与性活动之上，人的参与性形成的第四维空间是根据三维空间所制定的社会需求法则。而如果将人的参与性活动视为无意识的活动，与动物的迁徙进行对比，是否可以完善我们对于现实世界更深一层的理解？

　　本书认为自然视角下的美学整体性景观的关键词是继承与探索。如图3-5所示，它与上文中社会经济整体性景观共享一个时间线，它们虽然互不干涉独立存在，但同时也可以搭建联系。如果利用已有的抽象与绝对空间的模型，并加入美学空间的意识形态也许可以将这个复杂系统的面貌看得更加透彻。在地理信息系统的支持下，通过整体性景观的解读搭建全景认知知识的框架，可以实现更丰富的跨界和多领域研究。

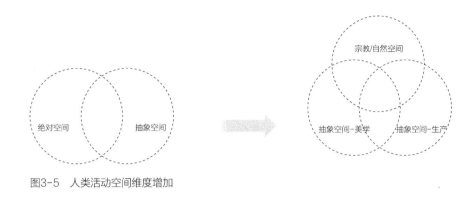

图3-5　人类活动空间维度增加

4. 景观的视角：整体性与二元对立

虽然消费主义、工具主义或资本主义将人与自然的关系相对立，人在发展过程中对自然资源进行了很长一段时间的统治，自然的价值被商品化以作为一部分人的资源被过度利用，导致目前频繁发生自然灾害，但是二元对立关系本身作为一种描述人与自然关系的机制并非不具备整体性。另一方面，从理论出发的景观整体性概念需要结合经济、社会与文化的实际发展，紧密结合信息社会与大数据的时代背景。

此外，"景观是什么？"这一问题在学界仍然存在不少争议，目前有景观社会学、景观生态学以及景观园林学派，那么整体性景观是否应该建立在现有的学科认知之上，或提供一全新的视角以完善整体景观理论的建设？

3.2.4　整体性景观的实践工具与概念归纳

1. 二元关系下的解决方法

马尔库奇认为景观整体性需要通过建立文化发展过程和文化所在地之间的继承关系来实现。通过文化视角解读自然生态的本质，自然的价值标准是通过当时的文化潮流认知进行确立的，人们通过自己的眼睛捕捉自然美，通过政治运作确立自然的经济价值。在社会生产中，自然景观作为人居环境的一部分，也参与到激发社会活动与活动创造空间的再生产过程中。尤其是随着交通发展促进人流的覆盖面积更广，自然环境从物理实体层面也被纳入人居环境的整体体系中。在抽象空间层面，旅游业的发展使自然景观空间具备了如商店、餐饮店、电影院等一系列非传统生产空间一样，拥有了生产能力。在这种空间与社会活动的对应关系下，形成了空间社会分析方法和工具，例如空间句法或康泽恩的形态学理论都未能将人类本能的审美诉求纳入分析模型之中。虽然空间句法分析人流数据尤为重要，以及比尔·希利尔（Bill Hillier）将文化空间包含在分析方法论中，但未涉及过多的自然元素以及审美心理学因素。它所关注的是人流所创造的空间整体性，通过人流和社会活动串连景观局部和全景间的关系。本书认为通过在现有的空间模型上叠加美学整体景观的概念，对解决目前社会中存在的主要矛盾有着积极意义。大数据为美学空间研究提供技术支持，这与无线网络和商品市场的结合密不可分。通过对现有空间分析工具的了解，充分发挥"社会经济+美学"的整体性景观概念是进一步完善空间分析模型的基础。一方面，将美学元素加入现有的定量分析工具之中，以完善人作为客体的整体性概念，美学整体性概念将帮助研究者拥有更加辩证和全面的思维逻辑。另一方面，应该将社会经济学的因素也纳入景观评价中，例如某个景色可以成为地区名片的可能性，它是否在全国或全区具有旅游经济竞争力。

个性化是目前社会发展的总体方向。20世纪末，乌尔里希·贝克（Ulrich Beck）对资本市场所带来个性化、个人化对社会带来的潜在风险进行了描述。对于当时德国教育体系、劳动市场需求产生的劳动力转移和单一经济体所造成的复杂社会关系进行了批判。他认为个人化将在文化、政治、经济三方面对社会发展造成不可避免的威胁，这种威胁主要来自个人化所激发的社会群组不稳定和自我认知混乱所引发的社会不平等现象。此外，西方社会在20世纪普遍的工业城市人口激增引发的住房形态空间的改变也为个人化生活方式做了铺垫。而在中国目前的社会发展中，这两方面的个人化发展产生的潜在风险也慢慢浮出水面，甚至相较20世纪西方的社会，21世纪的中国社会通过科学技术、信息化生活等为个人化、个性化极速发展提供更为坚固的基础。信息社会中的个性化生活方式与传统意义上的有所区别，传统选择生活方式的条件很多，例如住房的房屋类型，宗教文化信仰、出生地文化风俗等，这是塑造途径的个性化与多样化。而信息时代的个性化与多样化则更多是对结果的描述，而生活方式的塑造途径逐渐变为单一模式，这源于资本市场为信息时代留下的"后遗症"。

因此，在21世纪信息时代，整体性景观不再仅仅是对奥德姆在20世纪时提出的科技与自然时差作出回应。个性化需求与单一信息化是数据时代孕育出的主要矛盾。在工业革命时期遗留下的矛盾尚未得到明确解决方案时，更复杂的矛盾已经悄然而至。本书认为通过科学技术的发展，原本抽象宏观的社会矛盾会通过数据信息越来越透明化和公开化，数据统一后的资源分配问题也将被进一步激化，但社会矛盾数据化后可以成为解决矛盾的开端。整体性景观概念的完善可以对这两种潜在的巨大风险进行一定程度的预判以及控制，通过建立矛盾间的关系而寻找共同解决方案，但具体的实施方法仍存在很多未知。

2. 整体性景观评价

整体性除了是对景观的一种描述方式外，在面对景观中潜在问题时，也可以作为研究和解决这些问题的基础原理。例如，通过整体性建立分级概念的形成或是对复杂系统化简方法的形成。景观的整体性是完善我们认知景观不可或缺的部分，对于景观评价的体系也是不可或缺的，例如英国的景观特征评价和新西兰的景观评价与可持续发展管理办法，它们都将与人认知途径的相关因素纳入了景观评价中。然而，整体性虽然使文化因素融入了景观评价体系，但对于在景观科学分析中具体如何使用文化因素尚未给出有效的方案。同时，对于景观美学视觉体验与整体性景观之间的关系尚未被明确。在景观的美学视觉体验中也缺少对艺术美和自然美的分别阐述，缺乏审美整体性意识。保罗·戈布斯特（Paul Gobster）及其同事通过梳理从1974年开始至今在《Landscpae and Urban Planning》专业学术期刊上发表的450篇与景观视觉评价有关的论文，总结了六个主题类别：概念与理论基础；视觉质量评价；视觉影响评价；场景之外的视觉延展评价；视觉美学价值与多资源评价办法；利用景观可视化的视觉评价。景观视觉评价兴起于美国在1969年所颁布的美国国家环境政策法规，发展至今已经50余年，然而视觉评价的本质依旧是场景美，这种美被作为一种自然资源以及一种工具，为人提供便利，因此是基于一部分人的审美偏好。因此，无论是专家评价法或公共参与，或通过景观视觉化进行的分析评价，都不具备对整体景观进行视觉评价的能力。近年来生物多样性的概念逐渐进入景观评价体系，人文因素因为欧洲景观公约的普及也成为景观评价的重要指标，记忆、感官、情感等人的抽象要素也被纳入景观评价体系中。在景观评价办法的发展过程中，景观评价体现出较强的地域性特征，这是因为景观本身的时空性使宏观的景观评价难以实现。

目前景观评价的系统中缺少对本地景观整体性的评价，而是分别对景观美学价值、景观生物种类多样型、景观的人文价值等进行单独评价。本书认为，景观整体性体现出了地区发展的文化、经济与环境的可持续性，这些是重要的地区发展评价指标，景观整体性指标的建立可以横向及纵向考察某一地区的发展情况，尤其是其自然环境的发展情况。因此，景观整体性的考察主要分为两个基本层面，一是现有各类景观评价分项的综合关系评价，二是基于景观环境研究结果的辩证讨论。

3. 整体性景观环境概念的归纳

在整体性景观的概念中，景观环境的整体思维包含对局部与整体关系的讨论，二元对立关系也完善了景观整体性认知的重要机制。一般整体观为整体性景观的意义提供了两个重要概念：复杂系统和系统内部的框架。同时，它也为人类社会和自然界搭建了一个关联关系。根据不同学科解读整体性景观，结合景观的不同定义可以将整体性景观划分为两种宏观类型：一是以人为主体，自然为客体的社会经济学视角下的整体性景观。它与社会生产关系的发展轨迹一致，景观是社会产物的一种，与其他满足社会需求的产品一样，景观也是社会生产场景的综合描述。二是以自然为主体，人为客体的美学视角下的整体性景观，是将人的进化历程归纳在自然的大系统之中。

现代社会发展过程中形成的两个主要矛盾都可以通过整体性景观概念得到解决的思路。一是，工业社会中所强调的科技发展与自然保护之间的矛盾，主要来自社会需求导致的自然环境破坏。整体性景观的概念可以提供"社会经济+美学"的空间模型，将美学意识与愉悦感加入现有的社会经济学空间分析模型中，对人流和社会活动的理解和研究不应该仅从人类需求和空间功能入手，而是对需求和功能的由来更为关注。对于近年来出现的景观评价系统而言，社会经济因素可以被纳入景观评价指标项目，对景观特征的认识应该是基于自然形态，将社会经济、历史文化、审美感知等因素共同纳入评价系统和讨论中。二是在实际操作层面，数据化和移动客户端的发展为研究提供了更加多元化和丰富庞大的原始数据，整体性景观则起到了梳理这些数据的作用，同时信息社会在原矛盾基础之上所带来的新问题是一把双刃剑。对于某个具体问题的解决，整体性景观提供的是连接数据与数据之间的辩证关系的作用。而从更加深远的意义上来讲，更加清晰认知整体性景观的整个复杂系统，预知和应对个性化背景下产生的极度单一化可能会带给人和自然危害。

3.3　景观整体思维的理论溯源

3.3.1　天人合一的整体性思维

整体性思维是中国传统文化的核心，从中国古代的"天人合一"宇宙观、"天人合德"的价值观到西方"万物同源"还原概念都阐述了思维始于整体的这一哲学观点。闫希军从个人修身养性方面认为人所生活的整体环境，应达到"天"与人合德共性的理想境界。冯友兰认为天人合一是将人与整个宇宙合一，以达到知天、事天、乐天、同天的自身修养境界。中国儒学文化中修身、齐家、平天下的理论集中体现了整体思维非主客二分的认知方式。张岱年在《中国哲学中"天人合一"思想的剖析》中提到自先秦至明清时期大多数哲学家都宣扬"天人合一"观点，"天人合一"思想起于先秦时代，"天人合一"思想包含的观点有"人是自然界的一部分""自然界有普遍规律，人也服从这普遍规律""人性即天道""人生的理想是天人的调谐"。蒲创国在《"天人合一"正义》中提出张载的"天人合一"理念是从现实出发，承认人与天有相通之处，但由于气质之蔽，需要通过进修，去除气质之蔽，达到天人相通，其中主要包含《易传》的天人合德观念、《中庸》的性命、诚明观念、孟子的尽心、知性、知天观念三部分。

1. "天人合一"思想发展

"天人合一"思想贯穿整个中国传统文化的发展脉络，"天人合一"思想是解读中国美学基因的重要部分。中国古代"天人合一"思想经历了先秦、西汉初年、宋明时期三个发展阶段。先秦时期包含天地万物主宰的神、道德问题、自然与精神境界，董仲舒更倾向于人伦关系视角。《宋史张载传》中记载，张载基于对儒、释、道三家学问深入研究与反思，批判"天人二本"的错误，针对秦汉以来儒学发展所显现出来的弊端问题，尤其是对"知人而不知天，求为贤人而不求为圣人"的弊端的认识。

宋代张载《正蒙诚明篇》中也提出"万物一源"的说法，"天人合一"宇宙观是他在《正蒙乾称篇》中针对佛教人生虚空观点提出"天人一物"非虚空、虚妄的论述，并指出"诚"是天与人的共性，天人合一可达到最具智慧的个人修养境界。张载提出的"天人合一"概念的理论核心是"诚明"，强调实现"诚明"境界，人性与天道就达到了真正意义上的契合。张载在《正蒙诚明篇》中指出"天人异用，不足以言诚；天人异知，不足以尽明。所谓诚明者，性与天道不见乎小大之别也"。王夫之在《张子正蒙注诚明篇》中提到"性虽在人而小，道虽在天而大，以人知天，体天于人，则天在我而无小大之别矣"。张载在《正蒙乾称篇》中有"释氏语实际，乃知道者所谓诚也，天德也……儒者则因明致诚，因诚致明，故天人合一""因明致诚，因诚致明"，其中因明致诚，就是由穷理到尽性，强调天人合一是一个逐步提高自身修养，从而达到诚明境界的过程；因诚致明，强调天人合一是一种境界，达到了这种境界，一切修养就都水到渠成了。张载还强调"天人合一"的追问方法，例如在《正蒙太和篇》中提到"容感容形与无感无形，惟尽性者一之"，注重追根溯源的认识方法，才能将容感容形与无感无形统一起来。

2. 道家思想中"天人合一"环境观和整体观

东方哲学思想体系常被称作为整体论。中国传统道家哲学思想中"天人合一"的理论自古有之，被视作处理人与自然关系的最高境界。与同样提倡"天人合一"的儒家学说不同，道家的理论建立在自然论的基础之上，将人视作自然的一部分，人与自然是平等的关系；而儒家思想"天人合一"则建立在人的基础之上，认为"人道即天道"，人的本质就是天的本质，因此主张人对自然的参与和掌控。道家"天道即人道"的思想则强调了自然的本质即人的本质，反映了道家思想中"以自然为中心"的生态价值观。正如生态学者所指出的，人类是嵌入在一个比社会更大的自然环境中，每个人既是社会关系中的人，又是嵌入自然生态关系中的人。只有自然取得和谐，人的生活才能相应得到和谐，因此提倡"顺应自然"的生活方式。

道家的环境观和整体论思想都来源于它对自然的态度。道家的核心思想"道"与自然的关系是一体的，道即自然，自然即道。雷毅认为老子有"人法地，地法天，天法道，道法自然"之说，说明老子不但肯定四者的关系为大一统的生命体系，而且还将人与道的关系一贯而上地止于"道法自然"，由此可见"自然"在老子心中的地位。基于"道"的自然属性，道教强调回归自然本真，关注人与自身、人与天、人与自然、自然万物之间等关系的逻辑思考。潘世东认为"归趋自然"不仅是古今人类之共同渴慕和期盼，更是中国传统文化之最为深远、最为本质之根。由此可以看出，道家是从整体论的视角来认识和看待自然的。因此，在道家的哲学体系里，自然万物是一个开放且相互联系、相互作用的有机系统。这种思想认识也体现在山水园林营造中，深深根植于景观环境视觉形式与精神氛围中，始终体现对自然之"道"的不断追问和强调，将人自身回归至具有自然之道的环境。

3. "天人合一"对环境问题的启示

天人合一对当前环境问题的思考与认知具有重要启示意义。汤一介认为不能把人和天对立，不能把天和人的关系看成是一种外在关系，人应该认识并尊敬"天"，人在追求"同于天"的过程中，应该实现"人"的自身超越，达到理想的天"人合一"的境界。张世英提出"天人合一"思想"一体之仁"观念，并指出学界近年来对中国传统文化"天人合一"思想的解读重点是将"合""一"为核心，应该进一步思考环境中"人与我、人与物、内与外"的区别，实现人与自然的和谐相处。因此，"天人合一"观点并未直接阐述整体性思维，却从天与人之间"关系"层面说明整体性思维，更强调整体性思维中的辩证关系、统一关系、整体关系。这种对天人关系的解读与延伸不仅丰富了我们认识世界的方法，还促使我们进一步对人与自然关系本质的追问。

3.3.2　马克思主义的整体性思维

整体观也是马克思主义理论的重要内容。赵秀娥认为马克思主义理论体系不仅蕴含着丰富的整体性思想，而且其理论自身的创立、形成和发展又是对这一整体性思想的应用。国内学界针对有关马克思主义整体性研究一致认为马克思主义是以整体的形象出现，表现为形成的整体、主题的整体、理论的整体、方法的整体、发展的整体、功能的整体和叙述的整体，从整体的视角并利用整体的框架和方法，建立马克思主义研究的整体性"范式"。这种整体性范式有助于探讨城郊景观环境问题，也适用于景观环境的评价与设计研究中。

1. 马克思主义的整体性思维视角

马克思主义的整体性思维值得关注，对理论与实践具有重要意义。张三元等认为自从马克思主义理论被设定为一级学科以来，国内理论界对马克思主义整体性研究一直保持着高度的关注度。王红认为整体性是马克思主义的根本属性，马克思主义整体性思维是一种辩证的思维方法，是马克思在扬弃黑格尔总体性哲学体系的基础上形成的,包括整体地认识世界和整体地改造世界两方面的内容。与"整体"相关的概念有"有机体""系统""过程"。马兰认为在马克思主义的整体性思维中,使用"社会有机体"揭示人类社会及其发展规律的总体性范畴,"系统"的整体性和"过程"的整体性是社会有机体的两大特点,社会有机体理论有助于从整体观视角观察社会面貌。

马克思主义的整体性思维有四点值得关注。宋春丽认为一是基于整体性逻辑指导下形成的一种新的思维方式;二是基于对立统一逻辑,将认识对象看作是普遍联系和无限发展的系统与整体;三是重视各部分间相互作用、相互制约关系,并对事物不同的发展阶段、发展层次、不同的组分系统进行辩证地分析和综合,最大限度地把握对象的整体本质;四是以辩证性为首要特征,具有复杂性和动态特征。

2. 马克思主义的和谐社会思想

整体性思维强调各部分之间的共性与融通,以"和谐"关系作为重要准则之一。马克思主义整体思维理念主张构建"和谐"社会。在许华有关马克思社会和谐思想研究中,马克思主义的和谐社会思想萌发于对资本主义社会政治、宗教以及社会经济制度的批判,形成于唯物史观的确立,并且在欧洲资产阶级革命运动中得到检验,在政治经济学研究中得到深化,在东方社会以及史前社会研究中进一步完善。马克思明确表示,人与自然、人与社会、人与人以及人与自身之间的和谐是社会和谐的应有之意。通过对人与自然相互依赖、相互促进的辩证统一关系的分析,马克思指明人与自然和谐的必要性。重要的是,马克思社会和谐思想具有辩证性以及和谐特征。宋春丽在相关研究中指出,马克思认为构建和谐社会是人类社会发展的必然规律,并提出社会的发展进步表现为社会系统各要素的协调发展和由此而产生的社会整体功能与综合能力,和谐社会是各个方面都协调发展的社会状态而非单一的表现为生产力的发展和经济水平的增长……人的精神境界极大提高,社会关系和谐的社会状态。所以马克思主义的和谐社会思想也有助于探讨环境整体思维的实践应用方法,和谐关系是各部分健康运营以及稳态发展的重要保障。

3.3.3 深层生态学的整体性思维

东西方哲学在看待问题时有不同出发点和角度。与东方的哲学思想体系中的整体论不同，西方的传统思想推崇还原论，即认为任何复杂的事务或现象都可以化解为更简单的各个部分的组合来加以描述和认知，认为世界的本质在于简单性。在有关整体概念多体现为系统论观点中，美国学者阿尔奇 J 巴姆（Archie J. Bahm）将整体论思想概括为朴素整体论、机械整体论、系统整体论。金吾伦指出朴素整体论强调整体与部分神秘一体，机械整体论强调整体等于部分之和，系统整体论强调部分与整体彼此相互依赖性。赫拉克利特在《论自然》中提到"世界是包括一切的整体，自然是由联合对立物造成"。毕达哥拉斯认为"世界的本源是数"。亚里士多德提出"整体大于部分之和"。李约瑟认为"古代人在整个自然界寻求的是秩序和谐，并将其视为一切人类关系的理性"。在西方哲学理念中，深层生态学具有整体思维，尤其是辩证思维及其追问特征。

1. 深层生态学及其"深浅"之辩

生态哲学非生态学，阿伦·奈斯（Arne Naess）提出生态哲学（Ecosophy）是研究生态平衡与生态和谐的一种哲学。深层生态学（Deep-ecology）这一概念是阿伦·奈斯（Arne Naess）在1973年《哲学探索》提出区别于浅层生态学的深层生态学观点，主张一种生态整体主义思想。深层生态学是对环境问题的深层追问，反对主客二分的观点，而且把人与环境区分开来，赞同联系和整体地看待环境，并倡导多样性原则与共生原则。奈斯曾提出深层生态学非以解决污染与资源问题为目标。深层生态学认为技术不能彻底解决生态与环境问题，其根源是现有的社会体制、人的行为模式和价值观念，应将人和社会融于自然，将人类社会作为整个生态系统的一部分。

在深层生态学家看来，当今世界的生态问题本身就是由人类中心主义所主导的西方文化所造成的。因此，在现有人类中心主义的框架下，通过技术进步和制度控制去解决生态问题是远远不够的。只有改变现有的价值观念，走出人类中心主义的误区，才能从根本上解决生态环境问题。在生态哲学家的研究中，中国对环境哲学思索的萌芽可追溯至道家思想，对人本之上天地万物及道的遵循，美国学者科利考特（J.B.Callicott）认为道家思想是"传统的东亚深层生态学"。国内对现代生态哲学的探讨兴起于20世纪80年代，对深层生态学的研究处在探索推广阶段，近年以清华大学雷毅教授、中国社会科学院杨通进教授等专家学者为代表，对深层生态学做出大量本土化研究，与此同时，越来越多的国内学者、院校师生、环境保护者开始关注深层生态学。雷毅则在系统研究深层生态学思想的基础上，提出了"深层生态学的整体主义和平等观念不只建立在东方的智慧基础之上，它的思想更直接地来源于现代科学，很大程度上是现代科学与东方智慧互补的产物"，并具体介绍了作为深层生态学资源的现代生态学、心理学基础，把深层生态学和复杂性科学结合起来研究。范冬萍等主要通过对复杂性科学中复杂系统具有目的性行为的分析，论证了生态系统作为一个复杂的控制系统自身具有的目的性特征，并通过分析生命系统的目的性和价值、生命个体之间以及生物物种之间的价值冲突和协调，阐明了深层生态学伦理的最高原则的科学合理性。聂耀东等基于思维范式进一步剖析了深层生态学思想和复杂性思维的契合，认为当今新兴的深层生态学思维是与以非线性思维、关系思维、整体性思维和过程思维为主要特征的复杂性思维完全一致的，并明确指出"深层生态学对自然生态和社会问题的探讨，恰是复杂性思维的一次极好应用"。

深层生态学中，"深层"是相较于浅层生态学而言。现代生态学无论"深"或"浅"，都主张保护自然与环境，但在最终目标与方法上却分道扬镳。浅层意义上的生态环境观认为人的利益高于自然生态，对自然和生态的改造应满足人的长远需求，人是自然生态的管理者。而生态先驱蕾切尔·卡逊则提出"控制自然"是一个妄自尊大的想象产物。深层生态学将人作为自然生态的一部分，通过批判人类中心主义而试图建立一种平等和平衡的生态伦理观与生态哲学。1962年蕾切尔·卡森（Rachel Carson）出版的著作《寂静的春天》，在当时引起了人与自然生态关系的一场大讨论，即人类中心主义和生态中心主义，而深层生态学将后者为理论旗帜。所以深层生态学反对西方传统哲学中人与自然分离的二元论，而是将人的利益纳入环境整体利益之中，提出对待自然环境最少破坏和最小干预。

2. 深层生态学中整体思维理念

深层生态学具有整体性思维，深层生态学坚持整体主义的环境思想。雷毅指出深层生态学是将整个生物圈乃至宇宙看成一个生态系统，生态系统中一切事物都相互联系、相互作用。人类是生态系统的一部分，整个生态系统的完整性决定着人类的生活质量，主要是通过梳理生态中心主义价值观念，从而建立一种无等级差别的理想化的生态社会。同时，也应注意深层生态学部分激进理论思想也引起学界质疑，如强烈抵制科学与技术的作用，偏重在自然哲学方向的探索，过多批判自然科学的负面影响等。

　　雷毅认为深层生态学坚持整体论的自然观和"总体观念"（Total View），主张把评价、情感、体验等诸多要素与理性的、科学的理解方式结合起来，形成一种关于世界或实在的更真实的"总体观念"。所以深层生态学思想为景观整体设计提供理论依据，从整体观视角审视世界，对环境问题进行深层追问，强调公平对待周围的环境与自然，尊重地区差异、包容环境中的复杂与多样性因素，创造人与自然共生的生态社会环境。这种整体论的自然观不拘泥于具体的环境设计实践，而是从哲学高度为环境设计提出新的思考方式——整体设计思维。

　　深层生态学背景和思想理论需要尽快被纳入环境建设中。除目前景观审美方式所体现出的人与自然的二元对立关系外，技术革新、资本运作包括启蒙运动也都从基本层面建立了人与自然的二元对立关系，因此才会产生人类消费自然，统治自然的做法，例如戴维·佩帕（David Pepper）提倡的生态社会主义则认为人类可以在尊重自然的前提下支配自然产物。因此，本书结合一系列生态伦理学理论，整体性景观概念的介入可以在缓解人与自然关系问题中具有实际影响作用。整体性景观涵盖自然、人、社会以及文化，而非传统概念上所描述的自然或文化景观。另外传统景观概念的基本描述单位是空间，但却忽视了时间作为主体之一的可能性。如果根据深层生态学的基本逻辑，人及人的产物应该作为自然界中的一个部分，以实现对自然的整体认知。景观作为人与自然沟通的一个重要媒介概念，具备实现深层生态学背景下的人与自然一体化，同时不违背人的生存优先问题。因此，基于现有的空间格局，城市与自然交汇的地区在景观建设与留存方面承担关键性角色。

3. 深层生态学思想对景观与环境设计的启示

　　深层生态学的哲学思想涉及问题众多，在整个哲学历史发展中也有局限性和激进性，但从深层生态学所体现的环境整体思维来看，对景观环境设计的启示有：深层生态学以"生态中心主义"和"自我实现"的最高原则，奈斯认为生态系统的复杂性和共生能够增加系统的多样性，而多样性又能够增加自我实现的潜能，因而能最大限度地促进自我实现，明确了从环境整体出发的思维高度和价值观；深层生态学的环境正推意识与西方还原论思想不同，体现了整体性的方法论，这与东方整体思维有共通之处；深层生态学的环境整体思维启发了设计师对人与自然、环境之间关系的思考。

3.4 整体思维在环境空间理论方面的发展[①]

3.4.1 从现代主义建筑师看早期环境整体观

现代主义建筑发源于19世纪末期，在20世纪20年代逐渐成为主流建筑风格，并在此后的三四十年中风行世界，影响至今。现代主义建筑的产生同工业化时代背景的价值观是分不开的，柯布西耶强调"住宅是居住的机器"，充分说明了建筑的功能属性在当时被重视和强调。现代主义建筑追求的是效率，解决的是人口增长的工业时代住居面临的经济问题和功能问题，因此也被称作功能主义建筑。此时的建筑设计，关注的更多是建筑空间的使用效率和构图形式，而对于建筑之外的环境关注并不是其重点。

然而，与柯布西耶、密斯凡德罗和格罗皮乌斯等人同是现代主义建筑代表人物之一的美国建筑师——弗兰克·劳埃德·赖特（Frank Lloyd Wright）对建筑和环境的关系却颇为看重。从小成长在美国威斯康星州峡谷乡村的经历使赖特深受自然环境展现出的生命力的影响，这使他展现出了崇尚自然的环境观。而在其建筑创作理念中，这样的环境观也深刻影响着赖特，赖特在《建筑之梦》一书中提到，"自然为建筑设计提供了宝贵的素材，我们所知的建造形式正是出自于此，尽管几百年来，人们总是在书本上寻找启发，死守教条，但是大多数的实践都是来自自然，自然的启示是无尽的，多得超乎你的想象……对于一个建筑师，最丰富和最有启示的美学源泉就是对自然规律的理解和运用……当自然在这种程度上被理解的时候，所谓的'独创性'也就顺理成章，因为你已经站在了一切形式的源头。"因此，赖特认为建筑应该具备"自然艺术的整体"价值，满足功能需求是最为基本的，除此之外，建筑应同环境相融合，并起到传递情感的作用。赖特提出的"有机建筑"理论反映了他对建筑创作中基于环境的整体要求，对内部空间的组织应同时结合外部空间环境的考量，对材料、色彩和结构的使用也应该基于整体环境的判断，从而使建筑达到如同从环境中生长出来一般的效果，与环境取得和谐。

赖特的环境整体观在其代表作品"流水别墅"中有着清晰地展现，流水别墅在体量构成、空间组织和材料选择方面，均是建立在建筑师对项目所处自然环境思考上

---

① 本部分内容节选自课题组成员程明的阶段性成果。

作出的判断。建筑与山体、植物和瀑布的关系取得了视觉上的完美和谐，堪称当时建筑融于环境的完美代表。但在今天看来，赖特的设计虽然有着建筑融于环境的整体思考，但细究之下，仍然未免流于追求形式之嫌。方晓风谈到，这无疑是一种理想的境界，但其中也不无弊端，赖特对环境的着眼点还是处于传统建筑师的立场，即出于形式创造的角度，他是从画意的角度出发构思建筑形态，而不及其他。因此，我们能感知流水别墅建筑融于环境的设计思考，但也应注意到赖特环境观的局限之处。

在赖特之后，路易斯·康的建筑哲学中也体现出了环境整体观的思想。路易斯·康被称为诗哲般的建筑师。在他的作品中，人们往往会被其建筑空间中的光影元素吸引，进而感受到空间的精神性。而这一切都来源于他对于环境和空间的整体思考。在《光与影》一书中，路易斯·康提到："设计是一种因地制宜的选择行为，一种斟酌的手段，对场所地点、工具材料、时间经费、分量程度、业主需求以及人的机制的斟酌。这个决定出自对整体的考虑。""通常你非得去研究建筑基地的特性和它的自然条件，因为它就在那里。你不可能把一座建筑物砰的一声直接丢到某个地方而不影响到它的四周。它们之间永远有关系存在。"这可以看出路易斯·康在创作建筑中对环境价值的深刻思考。

赖特和路易斯·康设计思想中对环境因素的思考和运用，虽然是以建筑为主体展开，但从历史的角度看，他们无疑为环境整体观在空间设计中的发展起到了借鉴与指引作用。

3.4.2 20世纪60~90年代环境整体观在设计理论中的发展

1. 伊恩·迈克哈格的《设计结合自然》

20世纪60年代西方发达国家面临着严重的生态环境问题和由城市化发展带来的一系列社会问题。因此，在这样的背景下，设计界的各种思想和理论层出不穷，它们互相影响，其意图都在于希望找寻到一个解决城市和环境问题的办法。

师从弗兰克·赖特的美国建筑师凯文·林奇在20世纪50年代对城市进行了长期的观察和研究之后，撰写了著作《城市意象》，并于1960年出版，成为了研究现代城市形态的先驱，影响颇深，开启以整体视角介入空间和城市问题的大门。而之后在20世纪60年代的环境危机爆发后，英国环境设计师、规划师伊恩·迈克哈格（Ian MacHarg）则更进一步，在反思生态环境问题产生根源的基础上，将空间的发展、设计的作用与环境的价值结合了起来，出版了著作《设计结合自然》（Design with Nature），成为环境整体观在设计思想中正式建立的标志性著作。

迈克哈格没有将思考局限在专业范围之内，而是跳出专业语境，首先探讨人与自然关系的哲学立场，在书的前两章，他通过举例"乡村"与"海洋"中人与物种的生存，批判了工业时代长期以来"自然是人类社会的生产资源"这一"以人类为中心"的价值观，认为导致城市问题和生态环境问题的根源是工业社会价值观的偏差，否定人类作为自然统治者的角色定位。因此在价值观上，他呼吁重新认识自然对于人类的作用：自然无论从物质上还是精神上都为人类的生存提供保障，人类应该依靠而不是利用自然，因此人类的角色应该是自然资源的管理者，对于自然资源的取用也应有所节制。这一观点，与前文所述的深层生态学思想在哲学理念上遥相呼应，也印证了以环境整体为考虑目标的理念在此时开始萌芽。在明确了自然的重要性和中心地位之后，迈克哈格进一步提出以结合自然的设计改善和解决城市与生态环境问题的方法，即设计不只考虑形式创造和空间组织，而应把与其相关的一切因素综合考虑进设计的全过程，并以持续的眼光在时间的维度上评价设计长远的综合价值。该综合价值既包括空间本身，也应包括合适的经济、文化、社会价值等，而最为重要且不可忽视的，便是生态价值。这一观点，实际上就是在方法论上提出了环境整体观的设计思想。因此，与其说《设计结合自然》是迈克哈格基于自然认识的"设计理论"，不如说是其企图以设计协调人与自然关系的"改革宣言"。如果说《寂静的春天》一书使人们开始反思人与自然生态环境关系的话，那么《设计结合自然》则使设计师站在人与自然矛盾的风口浪尖，重新思考设计作为工具和手段，在重塑和影响人与自然关系的价值判断上应该怎么做。

伊恩·迈克哈格在20世纪50年代创立了宾夕法尼亚大学景观设计系，并在此后多年长期担任系主任一职。在独立实践之外，迈克哈格也将其《设计结合自然》中的价值观和设计方法论应用进宾大景观系的教学当中，塑造了宾大景观设计系以"持续性综合价值"来评判景观和规划设计项目的评价标准和教学理念。除了在价值观上重新认识后工业时代人与自然的关系之外，迈克哈格还将景观设计学科的工作提升到了科学的高度，促进了景观设计的发展与多学科的融合。这些举措与其设计思想中的"环境整体观"是密不可分的。在这些具有前瞻性工作之下，宾夕法尼亚大学景观设计学科也一直具有美国和世界首屈一指的地位，影响了全球范围内空间设计专业的发展和项目实践。

2. 積文彦的"群造型"理论

与彼时西方发达国家的情况相类似，20世纪60年代的日本，在经历战后十几年的强劲发展过程后，在城市化建设水平上赶超了一部分发达国家。然而快速城市化带来的负面效应，是城市人口拥挤、居住空间不足、城市环境品质低下等一系列现实问题。在此背景下，1960年于东京举办的世界设计大会上，几位日本建筑师创立了新陈代谢派（Metabolism），其主要成员有菊竹清训、黑川纪章、大高正人、積文彦、川添登、矶崎新等。

新陈代谢本是生物学的概念，指生物体自身进行物质能量交换，同时与外界也进行物质能量交换的自我更新过程。新陈代谢派援引这一概念阐释了自己对建筑和城市的观点，认为建筑与城市应该像生命体一样具备不断自我更新的能力，而非一成不变的静止。李启明认为新陈代谢派的建筑师利用现代技术希望为城市规划带来新的思路，他们所希望的形态是一个不断变化的城市实体，一个不断生长的流动空间，其内部可以不断创造新的城市生活场所及社会秩序。基于这样的理念，新陈代谢学派创造了一系列十分超前的建筑和城市构想，被称作"巨构型"城市。新陈代谢派初期的思想是在引用生物学概念的基础上，用高技术解决建筑和城市问题。但是这些设计由于在技术实践上超越了当时的实际条件，许多并不具备实施的可能性，因而被认为是乌托邦式的构想。

而在新陈代谢派中，積文彦（Fumihiko Maki）的建筑思想与其他成员的巨构理念有所不同。作为成员中唯一具有美国建筑学背景的建筑师，積文彦对建筑和城市的看法有着自己的视角。積文彦的求学和游历使其发现了"聚落"这一自古以来就存在于不同文明中的空间形态的价值。通过对聚落和城市的研究，提出了"集群形态"（Collective Form）概念，并寻找其应用于现代建筑和城市中的方式。1964年，積文彦于美国华盛顿大学执教时期发表了《集群形态研究》（Investigations in Collective Form）一文，文中将集群形态划分为三种模式：组合形态（Compositional Form）、巨构形态（Mega Form）、群形态（Group Form）。積文彦认为，这三种集群形体是当前建筑和城市形态的主要构成方式，前两种是由现代主义建筑师创造的理论，而"群形态"则是通过"聚落"的自然发展演变而成的形态。国一鸣认为现代主义建筑师往往过分关注建筑单体从而忽略建筑之间场所氛围的营造，于是当一座座具有完美立面的大尺度的建筑物落成时，城市的形象也就陷入越来越深的单调和混乱中。因此，对于这三种不同集群形态，積文彦认为现代主义创造的形态和理论过度注重空间的功能性，具有局限性，终会有不再适应时代发展的一天；而从"聚落"空间的自然演进形成的"群形态"反映了自然和整体的规律，因此更具有价值。積文彦认为，建筑存在意义的体现不仅仅是因为其使用价值，还应该有建筑自身的存在对于周边环境以及城市的全新含义。傅克诚认为每一个建筑都应该是城市结构的一部分，而其他城市的要素，甚至一棵树、一个座椅都应该增加城市的空间积极意义。城市空间是由个体的单一建筑空间和连续不断的开放城市空间组成。人们不仅要利用室内空间，还要利用室外不确定的功能空间，这对空间的创造具有重要意义。对積文彦来说最有趣的问题是"场域"（Field），即人对环境的感觉。具体来说，在城市中人与人的相遇场所是一种社会场所，被積文彦称之为"场域"。他认为，城市空间就是场域的集合，而在场域与场域之间有着很多相互关联的脉络。李启明认为城市设计师的工作就是设计"场域"，对"场域"进行组合并形成结构，就是"群造型"。在类比"群形态"进行建筑或城市设计时，各个形态之间的连结就成为了关键，这也是设计师在设计空间之外需要精心考虑的方面，丰富的连结形式创造了不同的开放空间，一起构成了环境整体。積文彦的"群形态"理论清晰地体现了其设计思想中的环境整体观。同时，对于复杂空间的处理策略，積文彦也有着明确的方法，即重视场域的重要性，重视场域中各元素之间连接方式的重要性，创造场域是空间整体性设计的关键。

3. 黑川纪章的"共生思想"

与積文彦同为新陈代谢派成员的黑川纪章在新陈代谢运动中更为活跃，其于1972年落成的建筑作品东银舱体大楼是新陈代谢派为数不多的实践项目，也被认为是新陈代谢派"巨构型"建筑的代表作。在新陈代谢派的早期思想中，建筑师希望运用高技术实现可以"代谢"的建筑和城市形态。但通过近十年的发展，新陈代谢派的构想在解决城市问题中进展不大，技术的加入对于建筑和城市的改变仅仅停留在几座巨构建筑的表层，新陈代谢派也在1970年之后逐渐走向分离。

这使黑川纪章开始进行反思，希望找寻技术背后的价值观念根源。日本传统的哲学观念和20世纪70年代的生态哲学思想给予了黑川纪章以启发。日本传统哲学与中国传统哲学同为东方哲学思想，其受道家和佛教观念的影响颇深，都认为环境的平等共生是其思想的主要价值取向；同时，前文所述的深层生态学的思想发展更汲取了东方哲学的共生理念，这两者在对待环境的态度上，具有价值观的一致性。黑

川纪章在这两者中找到了共同之处，此后他的思想便由早期以技术模仿生物学转变
到了从观念学习环境生态哲学的道路上。黑川纪章将传统哲学思想中对于空间的观
念引入建筑中，并从日本传统的建筑中找到了两者在观念上的一致性。例如建筑物
与周围环境的连续性，室内与室外空间的不确定性等。由此他提出"道的建筑""灰
的建筑"，提倡变生和模糊性思想，即后来称之为共生思想的理论。

黑川纪章从"共生"的角度，将建筑的不同方面纳入平等的层面进行整体考
量，这种思想也进而被更为广阔尺度的景观设计和城市尺度设计所参考，用来指导
兼具多种元素的空间场地设计。虽然这一思想并未如同前期新陈代谢派的浩大声
势，但却在设计的思想性中展现出了更合理的价值观念，因此成为了影响至今的代
表性思想。

3.4.3　20世纪90年代以来景观都市主义与生态都市主义中的环境整体观

如果说20世纪70 ~ 80年代环境意识的初醒对设计的影响尚且是局部的、非全面
的设计思考和无意识的设计实践。那么20世纪90年代中期景观都市主义的提出，则
是基于城市发展的环境整体提出的较为全面的理论。景观都市主义是欧美设计界提
出的以景观整体性视角来看待城市空间环境问题的系统理论，它将城市的建成环境
与自然环境一同视作一种客观存在的景观整体，而非以自然或人为的角度进行分割
和区别对待。之所以称其为全面的理论，在于以下几点：一是它将建筑、景观和城
市规划等空间学科全面地联系在了一起，以更加整体的眼光和角度形成方法论，以
期能够更妥善地解决城市环境问题；二是它的理论所针对的问题，除了包括景观设
计和城市的规划之外，还涉及城市旧有空间的更新和废弃地的改造；三是它将城市
环境问题涉及的诸多其他因素，如社会、美学、经济、历史文化、自然生态以及未
来持续性等不同方面都考虑进了设计过程和预期中。

随着环境意识进一步的深入影响，在欧美设计界，景观都市主义的思想已经成
为了空间设计发展的主流价值观和设计观，在英美等国的设计院校，如哈佛大学、
AA建筑联盟学院、宾夕法尼亚大学，都将其作为了理论研究的主要对象和教学体
系的重要思想；而一些知名的设计事务所，其设计理念和设计项目也都深受景观都
市主义思想的影响，实现了一系列城市更新项目。景观都市主义之所以受到广泛认
同，正是其理论中深刻反映了环境整体观的思想，顺应了城市和社会发展新阶段的

需求。这样的思想，既体现在对物质空间设计的手法和表达上，也体现在设计的认识论、方法论上，更重要的是在空间实体中和城市以及更大的区域中，传递出了处理"人、空间、自然"关系的哲学价值观转变。

近年来，以哈佛大学设计学院院长莫森·莫斯塔法为首的设计学者在景观都市主义的基础上，进一步提出了以生态发展为目标的生态都市主义。21世纪以来，人类城市生活环境的问题更趋复杂化：拥挤的都市空间、暴涨的城市人口、混乱的交通状况，以及随之而来的雾霾等生态环境问题都使人们不得不对人与环境的关系作出重新思考。与景观都市主义相比有所进步的是，生态都市主义是在吸收了近二十年来城市发展问题和环境变化状况的基础之上，以更加系统性和整体性的视角审视城市环境的设计观，它将城市看作一个"生态系统"，以更具生态理念的设计方法介入城市的建造和更新中。在设计目标上，生态都市主义更进一步地提出，静态的环境效果应被城市长期的生态持续性所取代，成为评价设计效果的重要指标。从景观到生态的理念转变，除了设计方法的进步和学科交融的深化之外，更本质的仍是设计中的环境整体观得到了更进一步的发展。

3.5　学科融通背景下景观与环境设计学发展问题

3.5.1　学科融通与整体思维

伴随人对自然认知深度和广度的提升，人们常以创建和发展人类社会为目标，多追求获得更多科学知识并改造自然。工业时代的精细化分工培养了专业化水平，但无形中使得各专业分化以及缺乏沟通的弊端日益明显。如果说工业时代打破了农耕与手工业时代的"速度"，信息化时代将带来对工业时代"深度"的思考。

从1975年美国IDE研究生培养模式、美国国家科学基金会NSF设立"研究生教育与科研训练一体化"项目到2005年哈索·普拉特纳设计研究D.School、圣菲研究所SFI，相比较传统方式而言，跨学科及超学科教育方式的多样性、共性、关联性具有重要的现实意义。赫伯特·西蒙（Herbert Simon）在麻省理工学院的康普顿讲座首次提出"设计科学"概念，从科学论证方面推动设计研究的合法性。维克多·马戈林（Victor Margolin）强调设计研究不同于设计实践，应开展国际性、多元化和跨学科领域的设计研究。爱德华・威尔逊（Edward O.Wilson）指出17、18世纪的启蒙思想家认为物质世界是有规律的，知识具有内在的统一性，人类进步的潜能是无限的。

　　跨学科研究越来越得到设计各领域的重视。在教育学领域，跨学科涉及教师授课方式以及学生学识结构方面，拓宽学生视野并提高认知思维模式。在专家实践方面，跨学科研究突出全面性和整体性的认知态度，各行业专家以实际问题入手，通过跨学科协作，整体讨论专家意见以实现全面认识的目的。

3.5.2　整体思维在各学科的应用与思考

　　在Google Book Ngram Viewer分别输入整体性中英文主题词搜索可知：国外从20世纪20～30年代开展整体性研究，20世纪70年代以后得到学界关注度显著提升；国内整体性研究开始于20世纪80年代，其关注度在20世纪90年代急速提高，之后在短暂的时间内，学界对整体性的关注度又极速下跌，所以国内整体性研究极不稳定，易潮流式发展。

　　如表3-1所示，基于权威性和核心刊物在知网数据库搜索国内设计学、生态学、哲学、公共管理学领域的研究论文，可以得出各学科整体性思维的应用特点：设计学中的整体性思维体现为将人类聚居环境看成一个整体，强调设计过程中多学科协作与公众参与，进行综合整体性设计，代表学说有道萨迪亚斯的人类聚居学、吴良镛的人居环境科学理论；2006年雷毅认为生态学是将生态世界看成一个整体，强调系统化的动态与和谐，探索整体性系统，代表学说有阿伦・奈斯的深层生态学、利奥波德与罗尔斯顿的生态整体主义；哲学学科认为人的思维始于整体，强调圆融统一避免机械分割的简化，构建整体性范式，代表学说有柏拉图整体价值观点、中国传统文化中"天人合一"观念与西方科学中的"万宗归一"观念、马克思主义整体性观念；2010年曾凡军针对新公共管理所导致的碎片化等问题，提出建构出有效的整体性政府组织协调机制，其中代表学说有佩里・希克斯的整体性政府、布莱尔的协同政府策略。

整体性思维在各学科运用示例　　　　　　　　表3-1

学科	整体性思维	整体性学说
设计学	建筑与城市系统之间的关系 景观、规划与建筑的有机整合 多学科合作，不同领域协商，公众参与 综合性思考与整体性规划设计 考虑整体环境、统筹总体流线、统一色调、使用高效 把人类聚居作为一个整体	大景观整体性规划 新城市主义 设计过程与程序整体 道萨迪亚斯人类聚居学 吴良镛人居环境科学
生态学	将生态世界视为一个整体，实现系统化的动态与和谐 全面而辩证地把握对象的整体性，系统整体性思维 与人类中心主义相对立的整体主义，宇宙是"无缝之网"，人与其他生物是"生物圈网上/内在关系场上中的结" 结构与功能的整体，时空有序性和时空结构的整体 和谐、稳定、美丽、完整、动态平衡原则	阿伦·奈斯深层生态学 利奥波德与罗尔斯顿的生态整体主义
哲学	思维始于整体 个人为集体服务 人类社会的核心是系统观念 圆融统一非机械分割的简化原则 形成、主题、理论、方法、发展、功能、叙述的整体性范式	柏拉图整体价值 神话与宗教 "天人合一" "万宗归一" 马克思主义整体性
公共管理学	针对新公共管理部门化、碎片化、分散化问题，实现协调、整合与逐渐紧密及相互涉入运行 有机整合及组织策划的政府	佩里·希克斯整体性治理与整体性政府 布莱尔协同政府

注：依据核心期刊权威论文研究以及国内高校博士研究生毕业论文总结所得。

3.5.3　中国设计界环境整体观的产生与发展[①]

　　中国设计界环境整体观思想和理论学说产生于20世纪80年代。20世纪80年代初期，受国际上环境意识与建筑思想发展的影响，中国建筑界在项目实践和专业教学中开始重视建筑与环境的关系，并在理论研究中探讨环境对于建筑和空间设计的意义。1981年，清华大学土建设计研究院院长汪坦在赴美考察美国建筑设计教育与实践的发展情况，之后回国撰写论文《美国的建筑教育》，提出了借鉴美国教育界以"环境设计"的整体性理念发展建筑和空间教育的建议。1982年，中央工艺美术学院室内设计系教授奚小彭提出以发展的眼光看待室内设计专业，提出"环境艺术"的学科概念，并期望在未来将建筑、景观、家具、公共艺术等专业融入其中。随

---

① 本部分内容节选自课题组成员程明的阶段性成果。

后，室内设计系的罗无逸提出以系统论的观点推动室内设计的发展；潘昌侯提出室内设计只是短暂性过渡专业，从设计学科的综合性角度提出空间设计已向"室内外含混的、莫比乌斯的、全面的人为环境设计"转变的趋势，并明确提出了"环境设计"的学科名词。这一系列关于专业名称转换的探讨，实质上是源于空间设计背后的价值观、设计观和方法论的辨析。

1983年，南京工学院建筑系教授刘光华发表论文《建筑·环境·人》，从20世纪两次建筑革命导致人们对建筑认知的变化谈起，举例论证建筑和空间作为环境的一部分，以及环境作为各种空间组合而成的整体统一性，提出建筑、人、环境三者具有不可分割的关系，应将室内与室外、城市与建筑相互联系起来，形成"极其丰富的四度空间"。1986年，从日本丹下健三建筑研究院研修归国的建筑师马国馨发表论文《环境设计——环境杂谈》，在论文中，他指出了国际上环境意识的兴起对于建筑发展的影响，认为应该将建筑、规划和设计作整体的统一考虑，提出城市的核心问题是协调人与建筑以及自然三者之间的关系，并认为建筑师、规划师和艺术家应该在解决城市问题中采取协作的方式进行环境设计。在这之后，时任清华建筑系系主任的吴良镛先生在总结中西方建筑教育发展不足之处的基础上，提出将建筑设计的范围扩展至"人类居处环境的创造与设计"的层面。1988年，在吴良镛先生的推动下，清华大学建筑系更名为清华大学建筑学院，并增加了风景园林学和城乡规划学等学科，将"建筑"的概念扩大到更深的"环境"领域。与槇文彦和同时期思考建筑与环境关系的建筑师一样，吴良镛先生也受"聚落"这一环境空间形式的启发，从更为整体的视角切入，研究建筑和城市问题。1989年，吴良镛先生出版专著《广义建筑学》，强调以系统的方法探讨人居环境，包括不同的空间范围层面和空间背后的文化、地域、政策层面。1999年，在此基础之上，吴良镛先生起草的《北京宪章》获得了在北京召开的第二十届国际建筑师大会的一致通过。《北京宪章》在总结20世纪建筑学发展背景下，指出建筑学所面临的包括自然环境破坏和城市发展混乱等问题，提出了建筑学要走"可持续发展道路"的建议，建设更为宜居的人居环境，并得出了"一致百虑，殊途同归"的结论。2001年，在此基础上，吴良镛先生又出版了《人居环境科学导论》，系统地总结了发展可持续的人居环境的理念。

与吴良镛先生提出人居环境概念同期，同济大学建筑系系主任卢济威先生在1992年发表论文《以"环境观"建立建筑设计教学新体系》，论文中强调了"环境意识"对于建筑师的重要性,并建议以环境观念为纲,组织建筑设计教学新体系,对同济大学的建筑设计教育理念影响至今。

1996年,华南理工大学教授何镜堂先生提出了建筑创作要遵循"三性"——"时代性""地域性""文化性"。2002年,在此基础之上,何镜堂先生进一步将其理论发展为"两观三性",即在"三性"的基础上增加了"整体观"与"可持续发展观",完善了自己的学说。2012年,何镜堂撰文《基于"两观三性"的建筑创作理论与实践》,结合自己多年的创作实践,全面阐释了建筑设计与环境的整体联系。

从20世纪80年代以来的发展历程可以看到,环境整体观思想在中国的缘起与当时世界因环境问题凸显导致的设计变革分不开。它使中国设计界开始主动思考设计中的"空间—人—环境"之间的整体关系,在20世纪80、90年代产生了关于空间思想与教学变革的大讨论,并在21世纪以来的发展中逐渐提出了自己的观点和学术主张,受到了广泛的认同。其中既包含着受西方设计思想影响的部分,也包含取自东方哲学的环境价值观。

3.5.4 当代背景下景观设计的整体性

设计是人类构思、规划、制造产品的能力。设计学是一门解决实际问题的学科。西方设计历史萌芽于传统手工艺品,现代设计得益于工业革命的发展,信息时代促使对未来设计学的思考。从日常生活到学术研究都涉及设计问题,当代背景下,尤其是设计研究和设计教育面临挑战和反思。基于设计实践视角,吴良镛曾指出应融贯综合地对设计问题进行研究。关于专业化教育方面,杭间提出原有"专业化"的单向度教育模式面临社会需要培养综合的创造型人才的考验,应注意对学生进行创造型、理解力、研究意识、专业技能、交流技巧、执行力和约束力等综合培养。在设计教育领域,王受之认为中国传统设计教育是同质化的教育,西方设计教育中的创意文化和创意思维是可以被中国设计教育所用的。王敏提出国内综合类大学里的设计教学具有很多资源优势,尤其是在学术研究上更容易跨专业、跨学科思考问题,更容易产生新思想和新理念。

目前人类社会已从工业化时代迈向信息化时代,新时代产生新推动力,新动力影响环境形态变化。新技术促使人类生产生活方式的改变,人们不仅关注环境空间的物质需求,对环境空间的精神需求以及多重需求也不容忽视。伴随社会的飞跃式发展，人类营建活动正以加速状态改变环境的原有构造，环境客体与人类主体之间的矛盾日益加深。作为生态系统的人类生存与生活环境需要科学可持续研究，作为文化源泉的人类生存与生活环境需要科学可持续研究。无论是作为生态系统还是文化源泉的人类环境，环境科学研究并非单纯依靠技术实现，应该坚持环境整体观念，运用新时代技术，助益人类环境福祉建设与发展。

整体设计理论方面，例如，2004年陈跃中在《大景观：一种整体性的景观规划设计方法研究》中针对国内景观规划设计领域存在的一些问题，提出"大景观"的整体性规划设计理念和方法。2007年陈天在《城市设计的整合性思维》归纳梳理城市建设科学理论的演变过程，分析国内外城市设计理论以及不同学科之间的关联性，提出设计未来发展趋势及当代城市设计理论对策；2008年王健在《城市居住区环境整体设计研究》中以城镇化过程中的"城市病"为研究问题，采用定性分析、问卷调查和定量研究方法，对中国城市的居住条件、环境质量、基础设施与公共服务以及环境综合方面进行评价，最后提出人居环境的优化策略；2010年张帆在《整体与协同：探索平衡的风景园林规划》中强调园林具有综合整体性，通过以平衡理论中的整体性观点和协同性观点展开详细论述。

整体设计实践方面，从哈索·普拉特纳设计研究所D.School到圣菲研究所SFI，都从环境的整体性与复杂性方面开展设计与科学研究工作。佛罗里达州的墨西哥海湾附近的滨海城Seaside Walton County，是一个供居住及旅游度假的多功能社区，在20世纪90年代被《时代》杂志赞赏为"近年来最好的设计"。安德雷斯·杜安伊与伊丽莎白·普拉特制定"滨海城建设法规"突出强调了整体性的重要作用，该法规是由建筑师、景观设计师、工匠、房主以及艺术家等不同专业背景的人士共同协商制定，这一法规为整体设计理念提供现实依据。2004年，欧洲委员会（Council of Europe）颁布《欧洲景观公约》所提出的应"整体"地看待我们生活中的景观环境。

因此，在新时代推动力的作用下，基于跨学科研究方法上，环境的复杂性与整体性特质愈加鲜明。例如，与人类生产生活密切相关的环境应怎样设计？环境设计是生态设计还是视觉设计、生活设计、空间实体设计、体验设计？环境设计专业[1]是研究自然、人工、社会三类环境关系的应用方向，以优化人类生活和居住环境为

---

① 国务院学位委员会第六届学科评议组编：《学位授予和人才培养一级学科简介》对"环境设计"专业界定为

主要宗旨。景观环境设计应该尊重自然环境、人文历史景观的完整性，既重视历史文化关系，又兼顾社会发展需求，具有理论研究与实践创造、环境体验与审美引导相结合的特征。

3.6 本章小结

伴随信息技术的发展，尤其是数字信息对社会活动和社会关系的整合，整体概念被更加广泛地认知和发掘。同时，网络信息虽在方式方法上，将需求、产品、行为进行了统一，但其社会关系和活动本质却逐步向极端个人化方向发展。这种统一与个人化之间的矛盾日益增长且激化。整体性概念对环境景观认知与景观评价的发展有着积极正面的意义，特别是在具体的实施操作层面。

本章以探讨环境整体思维的理论基础为研究目的，从多维视角讨论环境整体概念。首先对中国传统文化中"天人合一"整体性思维、马克思主义整体性思维、深层生态学的整体性思维进行理论研究，梳理了整体性思维在各学科中的应用现状，结合现有与景观相关联的整体性概念进行梳理，明确景观、社会、美学和时空的关系，提出整体性景观的现代认知方法和它在"全局"中的意义。然后阐述整体性景观的具体内涵和逻辑推理，以及在研究实践中如何应用整体性景观的概念等内容，还从中国设计实践以及各学科的应用中归纳整体学说。

本章内容为城郊景观环境研究提供理论基础，丰富了环境整体思维的逻辑框架，为城郊景观环境建设与政策制定提供参考。基于本章研究成果，在实际操作层面将整体设计理念归纳为三个方面：一是不以专业或学科界限，而是基于景观环境的科学评价与分析，运用设计思维与科学方法解决城郊环境建设的实际问题；二是在城郊人文历史与景观环境演变过程，从整体观视角深入挖掘地区文化特征，关注日常生活现状；三是不可忽视景观环境的社会功能，在环境整体观指导下，以积极统一的社会价值观为导向，从改善城镇景观、乡村景观、景区景观，起到提高人居环境质量、影响人民心理、提高幸福度、建立健康、生态的理想城郊大环境，扩大景观的社会功能和自然教育意义，非仅供悦目而是达到赏心、美育的功能，提升美景的哲学高度和社会教育意义。

4

第

4

章

『整体设计』
概念与研究方法

前文对城镇环境现状以及问题思考后，通过解读整体思维背景下景观与环境的逻辑，结合中西方环境整体思维的理论渊源，探讨整体思维在环境空间中的发展，梳理中国设计实践以及各学科的应用内容，得出整体思维或整体观的重要价值，从理论层面研究"整体设计"。环境与人的生存、生产、生活密切相关，设计以解决问题为核心，景观设计是一门以实践应用为主的学科，设计研究需要将理论与实践相结合，以理论指导实践的同时从实践中总结经验并验证理论。"整体设计"的理论和概念是否具有现实应用价值？如何将整体思维运用到景观设计研究中？本章着重分析整体思维的研究方法，首先提出"整体设计"这一概念，然后从新数据环境背景下强调当代环境"整体"设计的技术支持和前景，以北京市延庆区为例，提出整体设计理论和概念的现实应用。

4.1 "整体设计"概念提出

4.1.1 整体思维

整体思维，即全面而视，整体而观。环境的整体思维是相较于过度专业化、片面追求差异化而言的整体观念。学识共性是整体观的理论基础。17、18世纪的启蒙思想家曾指出物质世界是有规律的，知识具有内在的统一性。学术共性即是这种学术知识所具有的内在统一属性。统一并非同一，共性并非同质化，学识共性是检验理论真实性的方法。英国学者威廉·休厄尔（William Sewell）在《科学发现的哲学》中将学术知识的共性解释为"由综合跨学科的事实和以事实为基础的理论，创造一个共同的解释"。

"整体观思维"是一种解决实际问题的重要法宝，在各研究领域都有相应阐释，例如米·亚·敦尼克提到"思维是从某种未分化的水平开始自己的历史的，在这种水平上，部分完全溶化在整体中"。布莱恩·艾诺·辛斯海德曾提到"天才"发迹于一个艺术土壤极为肥沃而且充满智慧的场景。作者使用"景才"概念，并指出是一个整体的智慧或一群人的合作，并强调这是一种更有用的思考文化的方式。布莱恩将个体或群体的成功作为一个"更大"的整体环境的产物。这种思维方式独具"整体观"，将目光不仅聚焦于某一事物或事件本身，而是放在事物或事件的关联与结构体系所编织的"整体"网络中。爱德华·威尔逊在《知识大融通》中提到"科学和人文艺术是由同一台纺织机编织出来的",他早在《论人性》中已从论述生物学所面临的困境问题,提出需要把人性研究作为自然科学的一部分,也就是把自然科学及人文学科统一起来。设计作为交叉学科研究需要发现设计与相关学科的融通共性,共性研究是实现学术新高度的重要方法。设计学引入多元化学科知识的同时,更应重视各学科知识之间的统一性,探索学术研究的潜能。

城市、城郊与自然的空间属性不应被割裂,三种空间可以通过整体性景观的规划、设计与实践被统一起来,其中城郊的空间战略位置十分重要。景观环境的整体性概念中应该包括自然界内的活动、自然界与社会交互的活动以及人的活动。人不凌驾于自然之上,而自然也不凌驾于人之上。整体性必须将时间及空间两个因素同时作为变量,不能单独强调某一变量的决定作用。对于景观的审美,不应只将艺术美或自然美作为唯一审美标准,艺术美不凌驾于自然美,自然美也不能作为判断艺术美的标准之一。

4.1.2 景观整体设计的思维

关于设计学,自1998年国家教育部颁布修订的学科目录中将"艺术设计"替代原来"工艺美术"学科用语以来,全国各高校逐渐开设艺术设计专业并扩大招生规模。2012年颁布《普通高等学校本科专业目录和专业介绍》将设计学类从美术学分类中独立出来,下设艺术设计学、视觉传达设计及环境设计等八个专业。自设计学升级为一级学科之后,有关设计研究主题与设计教育发展一直都是教育界关注的重点。目前中国当代设计领域取得的成就,得到了国内与国际设计界的认可,但中国设计学科还处在不断探索阶段,自身发展存在不足。

关于环境设计,国务院学位委员会对环境设计专业的内涵和外延有明确界定(前文已有阐述)。环境设计专业的学者认为,环境设计以环境中的建筑为主体,在其内外空间综合运用艺术方法与工程技术,实施城乡景观、风景园林、建筑室内等(建筑内外)微观环境的设计。环境设计要求依据对象环境调查与评估、综合考虑生态与环境、功能与成本、形式与语言、象征与符号、材料与构造、设施与结构、地质与水体、绿化与植被、施工与管理等设计因素,强调系统与融通的设计概念、控制与协调的工作方法,合理制定设计目标并实现价值构想。

通过国内外环境设计的理论与实践可以看得出，环境设计是融科学和艺术于一体的综合研究，生态性、审美性、公共性、人工性是环境设计的本质属性。环境设计是设计师利用环境要素以及整体环境、使用者之间的关系，创造一个满足使用者居住与工作、精神与审美等各种需求的设计活动。环境设计根据居住类别大致分为室内环境与室外环境两部分，具体有个人居住环境、公共环境、城市环境、乡村环境、郊区环境等。环境设计的要素不仅是自然植被、水文气候、地理地貌等自然环境，以及古代建筑、文化遗址、民族村落等人文环境，还包括建筑物、构筑物、道路、场地等人工环境。

整体设计是站在整体化视角的设计。整体论属于生态学中的经典理论，一般认为生态设计正是基于整体论观点结合生态学知识的设计。整体设计更侧重从环境的整体视角非环境的某一特性。景观整体设计是相较于传统景观环境中过度专业化、片面追求差异化而言的设计理念，景观整体设计主旨是把握景观环境的整体效益，探索景观环境的系统性、整体性发展。从设计特征方面，景观整体设计是将景观环境的整体作为首要前提。从学科发展方面来看，整体设计概念是相较于建筑学、城乡规划学、风景园林学专业分工而言，也是对设计学学科发展的新探讨。在倡导多学科交叉研究背景下，整体设计从整体观视角发现学科交叉的本质共性，强调设计学、环境学、心理学、生态学、材料学等学科融通研究理念。

4.2 "新"景观设计方法

4.2.1 景观整体设计与传统景观设计比较

人类创造性设计活动属于环境的一部分。景观与环境设计是人类对环境的改造或建设活动，其内容与人类生产和生活需求相关，其形式与经济技术水平相关。景观与环境设计涉及决策团队、设计团队、建设团队、经营团队，包含人们对景观环境的规划、设计、管理、使用过程。景观与环境设计长久以来较注重实践与应用领域，指导景观与环境设计的理论研究较薄弱。工业时代的专业分工较大提高了景观与环境设计的数量、效率、速度等技术标准。信息时代与智能时代进一步提高了景观与环境建设的技术水平，同时使得设计者能够从"整体视角"认识环境、改善环境、建设环境。景观与环境整体的营建作为一种新设计方法，区别于传统设计方法，如对景观与环境认识理念、景观与环境价值观念、景观与环境设计方法、景观与环境管理方法等方面。

在认识理念方面，整体设计一是更倾向于将环境作为整体来看待，其中也包括人的行为、活动以及价值观，人与环境作为统一的整体；二是强调从人与环境的哲学关系上解决环境问题，传统环境设计偏重实际效用与收益，尤其是主张从技术层面解决环境问题；三是注重环境学识结构与理论研究，构建整体设计理论体系。

在设计与管理方法方面，一是整体设计更倾向于"协同性"设计，突出各部门协同关系，传统设计强调专业化与专门化，未突出强调各专业或各部门的协同性与辩证性；二是偏重设计过程的"全周期"过程特点，将设计的后评估与社会影响价值都纳入设计全过程中。

4.2.2 基于评价研究的景观整体设计方法

景观评价是景观环境建设前的重要工作之一，是运用科学理性的思维方法评价景观，景观评价是景观设计的前置工作。本书将延庆区景观评价方法应用于景观建设中，引入整体设计理念，将景观评价方法与指标体系应用于延庆区古崖居、松山森林公园、野鸭湖等十个重要景点，重点进行景点的敏感性评价、视觉吸收力评价、景色质量评价、视觉敏感度评价并建立综合评价模型。本研究将整体设计理念纳入景观评价与设计中，运用多学科交叉方法协调景观与环境中各相关因素，探索景观与环境的系统性、整体性发展，实现规划、建筑、景观的一体化设计。

因此，整体设计是用整体观视角审视环境设计全过程，运用多学科交叉方法分析环境中各相关因素及系统关系，探索环境的系统性和整体性发展。本书为政策制定提供科学合理的理论依据。研究对象及目标不局限于景观设计，为城市与社区环境的景观设计、公共建筑等各领域提供一种设计思路。整体设计遵循环境生态的整体性和系统性原则，关注环境设计与建设过程中各部分之间的关系、各部分与整个生态系统的关系，重视学术共性并充分利用各领域的相关知识。另外，整体设计需要考虑如何在"整体设计"的思维模式下达到高层次的"交融与共通"。

4.3 景观整体设计的技术支持

4.3.1 新数据环境的时代背景

2017年玛丽·米克尔（Mary Meeker）在美国Code大会上发布互联网趋势报告，指出2016年中国移动互联网用户增长12%达到7亿，全中国用户每日在线时长超过25亿小时；2013年1季度至2017年1季度，中国共享汽车与单车每年出行次数超过百亿；2012—2016年移动支付迅猛发展，扩展了移动互联网的使用场景。伴随着信息技术的发展与普及，在改变人们生活方式的同时也深刻影响人们感知及思维方式。大数据技术与思维方法在医疗、商业、教育及政务等社会领域早已得到广泛应用，网络行为数据挖掘在社交网络及商业网络中广泛应用，新数据环境为社会的发展提供了一种新的思维方法。2014年在美国开展对两组用户（共计70万）Facebook用户关于情绪传染的研究，该研究通过将消极信息与积极信息分别传送给这两组用户，结果显示用户会被这些动态信息所传染，重要的是运用传统数据统计分析方法对70万用户的调研是一项具有极大挑战的工作。互联网用户及移动终端用户的不断增长，用户的出行计划、交通内容及户外活动实现了前所未有的信息化与数据化，生活信息化以及数据价值的探索是未来科学研究重要的发展趋势。

环境是一个科学与艺术融通的综合性概念，判断环境质量不能仅局限于对景观地理结构与视觉形式的评价，人在景观环境中的体验活动也是环境建设的重要内容。科技的发展深刻影响人们的生活方式以及环境体验活动，在这个过程中产生大量图文和音频数据信息。那么，新数据环境是否会为环境体验活动的科学量化问题提供新解决途径？

目前以整体观为核心的复杂性科学与数据科学是科学研究领域的重要探索，大数据技术与方法被认为是革新方法论的技术实现，黄欣荣指出首先是形成整体环境观，如规划、城市设计和景观设计中的生态意识、社区或建筑的环保意识；然后是技术变革与升级的大发展，如人工智能与大数据信息的应用，城市设计用地布局与分析；在城市公共空间服务质量的分析；城市微气候的检测与调节；城市智能交通的改善，机器数字化建造与3D打印的应用，在建筑与环境改善的建造效率上得到提高；实现更加特殊和大跨度空间的造型。因此，与工业文明相比较，信息时代与智能时代的变化呈现鲜明特征，尤其是新技术特征促进"新"环境设计的新发展。

4.3.2 当代背景下的设计与营建

1. 当代背景下的设计变化

数据、人工智能、参数化、系统设计已经是当代流行的词汇。相关专家提出新技术有效提高了公共服务效率，例如通过对系统各部分功能的实时检测，使得当地人口与管理职能部门实现更为直接的对话与交互。随着各种传感器，监控录像设备与移动技术的迅速普及，每个人都成为了这个庞大控制系统的一部分。Relational Urbanism联合创始人Eduardo Rico认为数字技术以及一系列可用于捕获和阐释数据的科学技术已经彻底变革了人们审视和分析的方式。例如新数字化城市资料库（Digital Urban Documents）不仅使公众、设计团队、政府等便捷分享和交流，还逐渐发挥了数字化对设计的影响作用。数字化技术使整个社会信息流通更顺畅，便于专家团队获得更多基层信息。

新数字技术变革的时代影响思维方式和建构方式的改变。都市地理学家大卫·哈维曾提出社会建构（Social）和相关建构（Relational）两种方式，其中社会建构是由社会精英所引导，以都市协议、规范和新闻监督等规范策略发挥作用，而相关建构是由来自社会不同团体的多种构建方式。我们可以看到社会建构是通过自上而下的方式发挥上层策略的导向作用，而相关建构却是自下而上将底层使用者或实施者建议反馈至决策者，更具有社会影响效用，但不能孤立地使用某一种方式，综合而整体的思维方式更适用当今复杂的社会现状。

作为一场变革，大数据对各行各业带来深刻影响，它改变了人们生活与思维方式，也改变了人们看待景观的视角。吉姆·格雷（Jim Gray）认为针对各传感器和其他数据源快速生成用户数据的现状，计算机处理机制应该由模拟复杂现象转变为数据探索方式，即通过采集数据、存储数据、处理并分析数据方法进行科学发现研究。卢新潮指出大数据包括非结构和半结构化数据，涵盖遥感影像等传统数据，公交刷卡、移动通信定位、出租车GPS轨迹等智慧感知数据，也包括微博、日志、签到等社交网络数据。大数据涉及的数据层面多元化与复杂化。新技术的发展，如高分辨率遥感技术、三维地理信息系统、先进的环境建模体系结构改进了调查绘制与生态有关景观要素的能力。计算机环境视觉化孕育的"虚拟现实"技术实现了复杂景观的展现手段，这些都为环境的设计与营建打下了坚实的基础。

信息技术设备已成为人类认识景观以及进行交互体验重要载体，数据信息依附于物联网和互联网信息技术。数据化是景观领域发展的重要趋势，从各类传感器设备生成的数据信息越来越丰富，这些数据信息是景观研究重要的一手资料。如在问卷调研阶段可利用移动终端设备、可穿戴设备及网络行为记录等途径采集参与者的行为数据，从而避免了采集延迟、样本量小及成本高等问题。

2. 当代背景下营建技术

在第16届威尼斯建筑双年展，建筑师袁烽及其团队基于机器人改性塑料打印技术完成作品"云市"，如图4-1所示，该作品呈现了高度集成结构性能化设计方法与机器人制造技术，在设计前期通过采用一系列拓扑优化算法来提高展亭的整体结构性能，从而优化展亭的形式，采用了预制化生产的方式进行组装建造，而且从加工到建造的过程全部采用了智能化数控技，还提出了一种基于新型材料的"数字孪生"智能化生产模式。如图4-2所示，上海池社设计与营建，由"创盟国际"设计团队完成，该团队借助机器臂砌筑的工艺，使用先进数字化施工技术在现场完成真实建造。工匠对砂浆与砖块精心处理，结合机械臂砖构集合装备的精准定位，使砖构这一古老材料能够适应新的时代需求。

3. 当代启示与思考

一是不能摈弃以往的研究方法和思维方法，应该以"更综合、更开放"的态度面对新时代的变革，定性分析与定量分析同等重要，如Creative Commonspace Limited联合创始人Andrew Bryant认为地方性更容易通过定性的数据来解释，因为其能更好地展露存在于任何多元文化的群体中占统治地位的丰富社会文化叙述性。人们也应该以更批判的态度面对新数字技术可能的问题，如库哈斯曾经批判智慧城市时说，"商业动机实际上破坏了它本身……拯救城市的方法可能是摧毁它……"。北京市城市规划设计研究院杨松认为人工智能和大数据能够胜任城市规划中绝大部分的定性和定量问题，以北京市级绿道规划为例，通过批量采集网络徒步和骑行足迹，清晰确定绿道的潜在使用者的特征，更重要的是也提出仅依靠人工智能和大数据的处理能力未必一定能做出更好的规划，人工智能不具备人类的"同理心"和大量的隐性知识。

二是应该充分利用"自下而上"的信息反馈，如优步数据可视化工程师何珊认为智慧城市环境的形成不仅是一个自上而下的过程。它更多的是一个自下而上的生

图4-1 云市以及"数字孪生"智能化生产模式

图4-2 上海池社

成过程，更多机会往往来自这个自下而上的生成环境中。尤其是新的信息技术不仅让城市职能部门更有效地建立一个高效率的城市肌体，最根本的是，它促进了一个信息更加流通的生活环境，每一个人都是信息生活环境的建立者。

三是"共享"概念也值得关注，新数字技术将社会广大基层数据更便捷地呈现给专家，同样创造了"共享"与交流的认知途径。例如，创意城市发展研究院（CUDI，Creative Urban Development Institute）在与相关领域的合作中建立了"知识共享平台"的模型，专注于参与式设计，获得当地参与者响应的奖励机制，并进一步激发当地参与者参加自主组织的积极性，以得到具有连续性的定性信息。

四是新数字技术是顺应时代的产物，伴随整个社会的不断进步与发展，更新以及更有效的研究方法和技术不断涌现，研究思维方面的迭代更新更值得我们认真思考。正如在2016年10月的伊斯坦布尔设计双年展以"我们是人类吗？"为主题，阐释了"设计通常致力于服务人类，实际上它的真正志向在于重新设计人类……设计之外不再存在任何外界，设计已经成为了整个世界"。应从整体观视角和批判性思维考虑如何适应和运用新数据环境？如何适度而合理使用数据技术和数据思维？在数据采集与分析过程中应坚持怎样的原则？

4.3.3　新数据环境下景观设计的方向与趋势

1. 大数据改变旧有观念与设计方法

大数据是对现有技术的重新建构，通过全面采集、高速运算、分析有价值的数据形式，数据价值与趋势是大数据关注的重点。大数据应用强调近似整体的样本数据信息，注重探索事物之间的相关性。大数据主要产生于与人相关的行为活动中，而设计行为是以人与环境为研究对象。设计研究的对象逐渐实现数据化态势，数据化为设计研究提出挑战。大数据颠覆了设计领域旧有的观念和设计方法。

2. 大数据与设计研究

在人的生活环境不断数据化背景下，大数据将不断渗透到工业设计、建筑设计、室内设计及信息设计领域。因此，基于传统设计体系，应充分利用大数据新研究方法、论述方式以及评价标准的优势，从而增强设计研究的科学性与先进性。

美国景观建筑师麦克哈格及英国规划师Patric Geddes提出在景观规划设计中应

用GIS，哈佛大学Elliot将这一技术运用发展成为景观规划专业的一大特色。基于传统分析方法上，GIS系统不仅可以实现多要素的叠加综合分析，还可以将图形直观地显示出来，便于设计师准确把握场地的尺度。

新数据环境影响下，人们对景观的认知体验具有新的视角。移动终端设备、互联网及各式传感器等数据为载体，全面、详细并及时记录人们景观体验的全过程，包括景观体验轨迹、景观体验心理与生理反应等内容。新数据环境为景观评价、景观设计及景观管理活动获取公众需求数据提供更便捷地技术支持。信息技术的发展逐渐影响人们的认知方式，特别是新科学思维和技术的运用，并非仅直接将景观体验活动转换为数据，而是以数据思维方式作为景观体验的量化研究模式。在新数据环境影响下，景观评价与规划通过各种传感器设备与网络平台采集多源数据，景观学者也认为签到、信息发布与点赞等网络行为产生的数据信息蕴藏大量公众参与信息的内容，反映公众偏好的信息数据是景观规划与设计重要参考依据。例如利用公交刷卡数据信息进行城市相关规划的研究，2012年龙瀛基于位置服务工具（LBS），利用公交刷卡数据分析北京职住关系和通勤出行，研究城市系统的时空动态规律。2015年《基于公交刷卡大数据分析的城市绿道规划研究》基于公交刷卡大数据与人口出行分布规律进行耦合分析进行绿道规划。在新数据环境下，街道空间的量化研究也有新变化，2016年龙瀛在《街道活力的量化评价及影响因素分析》中从路网、手机信令、地图POI数据及遥感影像数据等方面进行定量评价研究。

4.4 景观整体设计的科学方法

4.4.1 景观评价的主要方法

欧洲景观评价自19世纪中叶开始进行对景观环境资源的保护与有效利用工作，理性思考始终贯穿于欧洲景观评价的研究过程中。在经历了科技革命、工业革命洗礼之后，科学的力量进一步影响了景观评价的发展方向。纵向上看，欧洲景观评价具有：美化先行、起于法制，具有公共属性。横向上来看，欧洲景观评价由早期的景观形式美学与景观环境保护法案逐渐发展为采用专家法、心理物理学与经验、认知法进行定性定量化研究，所形成的评价体系具有多元化、多维度、综合性与复杂性等特点。英美等西方国家率先开展景观评价工作，为政府部门制定环境保护政策提供有力的科学依据。西方各国景观评价发展历程各有特色：德国关注公路景观评价方法，美国多倾向于对公园景观评价与规划研究，英国以乡村景观评价为其特色。

以美国为主的一些学者发表了一批当时最先进的景观价值和评价方法的文章和专著，一些学者将相关领域的研究思想和方法融入景观评价领域，逐渐融合并形成四大学术学派：专家学派、心理物理学派、认知学派以及经验学派。

1. 专家学派

专家学派以视觉资源管理为研究目的，王保忠等指出专家学派主要通过运用地形图、照片、计算机以及现场调研等方式。专家学派依据少数专家分析景观的形式特征来衡量景观的多样性、奇特性、一致性等景观的视觉质量，俞孔坚指出其中景观的形式特征主要依靠形式美的法则决定风景质量，如风景图像的线条、形体、色彩及肌理。例如美国VRM和VAC评价系统。

1964年路易斯（Philip Lewis）最早采用专家学派进行景观评价思考，专家学派经过林顿等学者的评价研究发展壮大。该学派强调诸如多样性、奇特性、统一性等形式美学原则在决定景观质量分级时的主导作用，其中还有专家把生态因素也加入到景观评价中，形成了以形式美和生态学原则为标准的景观质量评价系统。专家层面的景观评价为景观管理、土地利用、城市规划制定相关政策和法令提供依据。专家的理论和实践推动了景观设计和规划变革的结果，也实现了各种审美价值在景观评价中的量化。

2. 心理物理学派

景观学科发展已经突破原有学科本位思想的束缚，成为一门综合性学科，更加强调"以人为本"的设计理念，以实现人与景观环境的协调发展为最终目标。20世纪60年代以来，环境意识的不断加强以及多学科交叉研究背景之下，心理物理学被纳入景观评价及相关领域中，为景观评价的量化研究提供科学有效的方法论依据。

心理物理学法是运用较为广泛，属于较独立的景观评价方法。景观评价中的心理物理学方法应用主要是以彩色照片、黑白照片、幻灯片等形式代替实际环境，并由受测者进行等级评价，该方法在进行森林景观评价、城市绿地景观评价、河道景观评价、高速公路景观评价中具有较好的应用，并取得了良好效果。

3. 认知学派

认知学派是将人的整个认知活动作为研究对象。认知学派认为学习是人们通过感觉、知觉得到的，是由人脑主体的主观组织作用而实现的。认知学派代表人物有皮亚杰、布鲁纳、奥苏贝尔、托尔曼和加涅，认知学派学者认为学习者透过认知过程（Cognitive Process），把各种资料加以储存及组织，形成知识结构（Cognitive Structure）。

认知学派又称心理学派或行为学派。它以进化论思想为指导，从人的生存需要和功能需要出发，俞孔坚指出认知学派是把风景作为人的生活空间、认知空间，力图从整体上（用维量分析方法）而不是从具体的元素上（如形、线、色、质）或具体的风景构成要素层面分析风景，去讨论某种风景空间对人的生存、进化的意义，并以此作为风景美学质量评价的依据。认知学派以进化论美学、人类生活环境认知和信息接收理论为依据，把风景理解为人的生存空间与认知空间，并强调景观对人的认知与情感反应的意义，通过主客结合，研究景观的组合特质对人的价值以及影响人类景观偏好的因素。认知学派主张构建"瞭望与庇护"风景信息审美模型，指在美感与风景美学质量之间建立某种关联。郁书君认为瞭望庇护理论（也有译为"了望—庇护"理论）指看见别人而不被别人看到的能力是人的生物需要得到满足的中间步骤，因而环境确保这种"满足需要"的能力成为美感愉悦的更直接来源。

4. 经验学派

经验学派关注的不是人或者景观成分，而是人在景观中的成长经历，该学派强调人本身在决定风景美学质量时的绝对作用。经验学派的研究方法是用考证的途径，从文学艺术家们关于风景审美的作品及其日记中得到关于某种价值的风景所产生的背景。经验学派是在分析相关风景审美的文学和艺术作品等过程中，探讨人与风景的相互作用及某种审美评判所产生的背景。俞孔坚指出经验学派并不把风景本身作为研究对象。

W·G·霍斯金斯、大卫·洛温塔尔、菲利普·刘易斯等人采用经验学派的方法对景观设计中的文化意义与社会意义进行了系统分析，该方法主要内容包括对公开信息进行访谈、查阅文学与相关创作作品、分析历史性的游记、日记、信件等具有代表景观价值的材料。J·B·杰克逊对神学家蒂莫西·德怀特（Timothy Dwight）在康涅狄格河谷的旅行日记进行研究，探究出塑造美国景观和理想景观的两种景观特征以及人类景观价值变化对生态环境造成的影响。20世纪80年代，祖伯（Ervin Zube）运用经验学派的方法对美国西南部地区的干旱和半干旱景观价值进行了系统研究，该研究主要围绕有关记载该区域的杂志、旅行日志、文学、游客日记等文献资料进行展开评价工作。

4.4.2 新数据背景下景观评价的技术

早期的景观评价是由欧美的知识精英提出并参与实施的，他们中有环境专家、地理学者、规划师、建筑设计师、画家、摄影师等。近几十年景观评价实践中，科学的方法被不断演绎并介入新科学技术，国外学者从20世纪70年代开始相继提出公众偏好模式（Preference Model）、形式美学模式（Formal Aesthetic Model）、成分代用模式（Surrogate Component Mode）、生态模式（Ecological Model）、心理模式（Psychological Model）、心理与现象模式（Psychological and Phenomenon），以及基于统计学或数学延展出的德尔菲法（Delphi）法、聚类分析法（Cluster Analysis）、主成分分析法（Principal Component Analysis）、层次分析法（AHP）等，这些方法各有侧重与创新，从不同角度丰富了景观评价的系统性和科学性。

目前景观评价方法多采取专家模式与公众参与相结合的方法，较之前的评价方法更整体、综合。其中专家模式有两个重要环节：一是桌面工作，主要是对评价区域进行资料收集与系统分析；二是现场踏勘，组织全体专家对评价区域进行实地调研，之后对桌面工作和现场调研两个环节的工作展开讨论，最终对全区域进行逐格评价并打分。专家模式的优点是效率高，但由于没有被评价区域内原居住民的参与，这种方式结果的公允性常被批评。公众参与模式是对专家模式的一种修正，其方法是通过问卷调查或重点提问的方式将公众特别是被评价区域原居住民的意见纳入评价程序中，公众参与模式的理论依据的是心理物理学等方法。

中国自20世纪80年代开始借鉴西方的景观评价体系与方法，并运用到中国的景观保护和规划中，为中国的风景资源保护提供了有利参照。20世纪90年代后，随着科学技术的不断发展和进步，一些适用于景观评价方法的辅助技术也应运而生，如地理信息系统（GIS）、视觉追踪技术、虚拟现实技术（VR）与混合现实技术、眼动仪实验技术等，这些新的技术使得景观评价的方法更科学、更便捷、更适宜。大数据时代到来，GIS地理信息系统和大数据参数在环境评价与景观评价中的作用日益突显。

随着计算机技术的发展，RS、GIS、GPS技术在景观设计和评价领域得到了广泛的应用。新技术的发展，如高分辨率遥感技术、三维地理信息系统、先进的环境建模体系结构改进了调查和绘制与生态有关的景观要素的能力。计算机环境视觉化孕育的"虚拟现实"技术实现了复杂景观的展现手段，这些都为景观评价的发展打下了坚实的基础。例如全球定位系统，利用GPS定位卫星，在全球范围内实时进行定位、导航的系统。GPS导航系统的基本原理是测量出已知位置的卫星到用户接收机之间的距离，然后综合多颗卫星的数据就可知道接收机的具体位置。GPS具有全方位、全天候、全时段、高精度、高效益等显著优点，能为全球用户提供低成本、高精度的三维位置、速度和精确定时等导航信息。GPS技术广泛应用于军事、大地测量、野外考察探险、土地利用，已纳入国民经济建设、国防建设和社会发展的各个应用领域。

4.5 延庆区景观整体设计研究方法

4.5.1 研究问题与讨论

本书是在课题组所完成的北京市社会科学课题成果之上进行的理论深化研究，课题名称为《北京市延庆区景观评价与环境整体设计问题研究》，包含延庆区景观评价以及整体设计两部分组成，景观评价作为景观环境研究的前置工作，整体设计是指对环境整体进行设计。本书立足延庆区景观评价成果，将"整体设计"作为核心概念，确定"整体与融通"为主旨精神，探讨如何对环境整体进行设计研究与讨论。课题组首先对相关问题进行专家讨论研究，问题有：如何应用当代科学方法进行延庆区域的"景观评价"？怎样在学科交叉角度界定"环境整体性设计"内涵？研究成果如何为国家与地方政府的政策制定服务？研究成果如何具有可行性并落地实施？归纳专家建议有：

在理论研究层面：一是明确研究区域。延庆的区域范围涉及城和乡，在进行研究前需要明确具体的研究范围，区分研究区域的镇与乡的范围，以及各自的侧重点。二是明确课题的内涵。通过多学科的交叉进行整体感知与认知，加强自然、人文、社会等方面的感知。在延庆景观评价因子确定方面，应分层次地确定评价因子。三是延庆特征的打造。在之前的课题中建立了较为完善的中国特色景观评价偏好的研究基础，为本次课题的研究提供了重要的研究依据，在延庆景观评价课题中应体现特色性。此外，在城市转型方面注重生产性城市向服务性城市的转变，提出全城旅游的思路。四是注重延庆整体性的提升，从点、线、面上进行认知体验分析，从城市"双修"角度分析问题，加强城市文化魅力。五是注重产学研一体化的推进，对景观质量整体提升提出政策和推进建议。

在方法研究层面：一是明确景观的含义，梳理整体设计的适宜性。二是明确延庆的特色，比如延庆与怀柔的区别，梳理延庆区景观山水安全格局，构建山水骨架，如河流、村镇的位置格局，与人类活动的关系和影响等内容。三是构建自然与生态复合社会，关注适应性设计。四是提出与景观生态学相结合的科学方法。五是将地理信息系统、遥感等科技手段应用于研究中，体现评价的科学性。

在实践研究层面：本书具有重要理论与实践探索意义，研究成果对加强生态建设方面的指导工作具有重要意义。而且目前延庆区林业处在大发展期，此时的变化会很显著，虽然延庆区平原景观等骨架已经基本建立，但注重生态林地再创造，体现自然审美性是下一步工作的重点。在工作阶段，应该注重人工景观与自然景观相结合，进行整体经营。

4.5.2 研究方法与过程

本书从设计学学科发展与实际问题出发，以延庆区景观环境营建与设计为例，将整体观念与思维纳入研究核心，坚持整体性原则与辩证性原则。其中整体性原则是指将理论、方法、实践相结合形成体系化研究，辩证性原则并非仅指将各研究部分整合或组合，而是重点关注各研究部分之间的辩证关系，进一步批判性讨论，最后提出具有启发性的研究结论。

本课题以延庆区景观与环境为研究对象，基于延庆区景观与环境特征，将环境分为"地理与生态、文化与生活、美学与认知"三个部分，并从整体视角讨论各部分研究结论的相通与差异，从各部分的辩证关系中得出整体设计策略。

1. 延庆区地理与生态方面调查研究

延庆区以生态立县，地理与生态资源拥有鲜明优势。本阶段首先基于研究基础选择延庆区十处区域，从生态敏感性、视觉吸收力、景色质量以及视觉敏感度分析，并通过因子叠加法对所有参评因子进行运算与评价分析；然后从生态哲学观点分析延庆区生态环境与景观设计问题。

2. 延庆区文化与生活方面调查研究

延庆区位于北京市西北郊区，历代属于边疆要塞，具有多民族交融历史的文化特征。本阶段从交通使用、民居空间、公众认知、景观使用四个方面，如以延庆区百里画廊为例进行风景道景观评价、军事防御背景下开展延庆区居民风貌分析、以珍珠泉村为例开展景观空间特征分析。

3. 延庆区美学与认知方面调查研究

延庆区风景资源利用与开发是近年来打造地方特色的热点话题，风景资源及其审美问题是探讨整体设计的关键。本阶段不仅梳理延庆区审美历史和演变过程，还从延庆诗词、延庆风景影像作品中提取审美特征，并进行整体性讨论和思考。如梳理延庆区景观审美认知的历史和现状，以延庆八景为例探讨景观诗词及其现代转译方法，以延庆区夏都公园为例探讨景观利用及其审美内容，从风景艺术作品中研究审美对景观营建的启示。

4.6 本章小结

在当代环境背景下，整体设计理论具有现实应用价值。整体设计思维为景观环境设计理论与实践研究提供新的视角和方向。本书认为环境整体思维是区别于"过度专业化、片面追求差异化"而言的理论观点，环境营建活动应"重回整体观"。本章基于前文对景观与环境整体性内涵、环境整体性思维以及环境整体性设计的理论构建等研究工作，明确研究概念、研究核心、技术支持，通过讨论延庆课题的研究问题，并确定具体研究思路与研究方法。

本章首先确定整体设计概念的内涵，整体设计是对景观环境的"整体"进行设计，也就是说重点将环境作为"整体"进行设计。然后，本章基于当代背景梳理了"新"环境营建方法和技术支持，并从景观评价角度探讨了环境科学营建的方法及其重要意义。本书认为科学研究方法并非讨论是使用定量研究还是定性分析的问题，而是重点强调在新时代背景下环境设计理念的转化与升级。

整体设计研究不同于具体实践项目，本书以北京市延庆区为例，尝试从整体视角讨论景观环境的设计策略。在讨论分析延庆区景观整体设计问题之后，基于整体性原则与辩证性原则，从地理与生态、文化与生活、美学与认知方面阐述延庆区景观整体设计的研究框架。因此，本章既是对前文研究工作的反馈，也是对后文具体研究工作开展的准备。

5

延庆区景观建设现状与特征

本章立足于整体设计概念，基于前文对城镇郊区景观环境设计现状以及思考的分析过程，还从中外哲学理论探讨"环境整体思维"的历史渊源，借鉴国内外城镇郊区景观环境设计研究成果与实践经验。本书以北京延庆区为例，经过理论与问题研讨之后制定研究框架，本章进一步思考延庆区景观环境的特征是什么？如何认识延庆区景观环境？人与景观环境的关系如何？本章以此开展景观与环境的现状与特征调研工作，分别调研延庆区的自然与生态、文化与历史、公众与生活、审美与认知方面，并归纳与总结延庆区环境特征。

5.1 延庆区环境概况

延庆区作为北京市重要的生态涵养地，致力于环境保护和生态保持，在长期保护过程中形成了良好生态环境和丰厚的自然资本积累，为延庆的后续发展打下了良好的基础，再加上特殊的区域位置积淀了独特而丰富的文化，旅游资源丰富而多元，群山环抱、妫水横穿的独特空间格局更是凸显延庆特色的景观风貌。

5.1.1 延庆区行政区划

延庆区包括376个行政村，443个自然村，辖15个乡镇：延庆镇、永宁镇、康庄镇、张山营镇、八达岭镇、旧县镇、大榆树镇、沈家营镇、井庄镇、千家店镇、四海镇、香营乡、刘斌堡乡、珍珠泉乡、大庄科乡，如表5-1所示，各乡镇资源优势与基础以及产业模式，延庆区资源优势鲜明，集自然生态、农耕环境、人文景观、历史遗迹等多重资源，已形成了一定规模的产业发展模式，涉及休闲农业、生态农业园、旅游休闲、手工技艺、民俗文化遗迹各主题园区等内容。

延庆区15个乡镇资源开发与产业模式一览表　　　　　　　　表5-1

序号	乡镇名称	资源开发	产业模式
1	延庆镇	妫川广场、妫水公园、三里河湿地公园、江水泉公园、百泉公园、城西公园、体育公园、万亩滨河森林公园等生态景观、2019年世界园艺博览会会址	建设温泉休闲商务区、生态休闲产业带、观光农业园区、文化体验等高端旅游产品

续表

序号	乡镇名称	资源开发	产业模式
2	永宁镇	作为明代军事重镇，京畿屏障又是长城防御体系的重要组成部分。永宁豆腐特色饮食以及南关竹马文化作为非物质文化遗产	永宁商业古街
3	康庄镇	有机蔬菜农业园，康西草原	康西草原马文化主题休闲区，发展友好型工业产业带和农业产业
4	张山营镇	葡萄产业、葡萄酒庄产业带与观光游	"全国优质葡萄生产示范"、德青源生态养殖园
5	八达岭镇	国际交往的场所、爱国主义教育基地、国际旅游胜地、京北绿色生态屏障	"国际旅游休闲名镇"
6	旧县镇	古缙山县、盆窑村传统工艺、永宁八景之三："古城烟树""神峰列翠""独山夜月"	"陶艺之乡"
7	大榆树镇	中草药文化	"百草园"试验示范基地、菊花文化特色民俗创意品
8	沈家营镇	商周古墓、清朝古庙等历史遗迹、兴安堡村"九曲黄河灯阵"和河北梆子剧团；古树、龙庆峡郊野森林公园、妫水河万亩森林公园、天鹅湖及北京龙湾国际露营公园等生态资源	现代休闲观光农业，形成四季葡萄采摘、百菊园、蔬菜和中药材种植等规模产业园区
9	井庄镇	柳沟古城（凤凰城）等文物古迹、旱船文化传承基地	种植业、养殖业、乡村旅游业三大主导产业
10	千家店镇	百里山水画廊	国家4A级旅游景区、世界地质公园核心区、北京自驾游最佳线路
11	四海镇	四季花海、明代四海城、瓦窑遗址、九眼楼长城、"营城"遗址、"天门关"摩崖石刻等历史古迹	沟域经济
12	香营乡	自然资源有"苗乡岭"缙阳山、"燕山天池"之白河堡水库、果品之乡，文化资源有辽代皇家寺院缙阳寺遗址、明代的烽火台—八里墩、十里墩、明长城遗址、云盘沟村兵营、白河堡水库西石壁清雍正三年的分界碑	采摘园
13	刘斌堡乡	大枣之乡、"四季花海"沟域的起点、"百里山水画廊"重要节点	花卉产业、沟域经济
14	珍珠泉乡	珠泉喷玉主体公园、留香谷香草园、片石花卉公园三大花卉园区、延庆八景之一"珠泉喷玉"	花卉园区、主题公园
15	大庄科乡	自然资源莲花山森林公园、双秀峰自然风景区，人文资源有龙泉峪古长城、昌延联合县政府旧址霹破石村、平北红色第一村沙塘沟村等，林果资源丰富	"平北红色第一村"、"果品之乡"、冰川绿谷产业带

5.1.2 延庆区实地调研

延庆区总用地面积1993.75km²，2020年末常住人口约34.6万，有北京市的后花园之称，也是西部生态屏障中的重要节点，延庆区在西部发展还承担水源保护和风沙治理职能。延庆区生态资源开发问题属于历来关注的重点。《延庆区新城规划》确立"三区、三大保护地、两带"分区发展策略："三区"在山地生态保育区适度发展旅游；山前生态建设区控制开发建设，加强生态恢复；川区生态协调区，城乡物质环境建设与生态建设协调发展区。"三大保护地"为官厅水库、八达岭景区、白河堡。"两带"为官厅水库东侧生态保护带、妫水河绿色景观带。该规划提出应充分利用延庆区环境优势、文化优势、旅游资源优势、生态产业优势，以生态与环境保护为基础建设生态型城镇发展策略，即着力加强生态农业经济、服务经济、体验经济体系，同时注意集约用地、预留发展空间。

1. 第一次实地调研总结

基于整体观视角，通过调研重点考察延庆区环境资源、景观视觉特征、环境设计与使用现状等问题，从视觉感知层面调研目前延庆区景观环境设计和资源利用情况，课题组第一次调研问题从以下几个方面入手：

城镇物质构成与公众关系方面：城镇环境规划、建设与公众密不可分，包括城镇人口构成，如原居住民与流动人口、文化水平、职业、比例等内容，城镇产业结构，主要是生态资源利用与产业优化，城镇公众的景观活动，如本地旅游频率、日常生活、景观认知等方面。公众对城镇环境的认知程度方面：公众对城镇居住环境的认识与支持问题，公众对延庆景观建设满意度与期待度，以及对延庆景观历史与乡土记忆情况需要探讨。

自然生态与城镇经济、文明关系方面：目前存在的自然生态与城市经济、城市文明的不协调问题，应注意自然资源补偿机制，而城市生态旅游产业面临的未来开发与规划方向尤为重要。风景区规划设计现状方面：风景开发区是否存在不合理开发问题、规划和设计现状，应制定详细的"规划与设计规范"，将其中"人与自然的关系"认识进一步应用到城镇郊区景观环境中。

人文历史价值方面：延庆区悠久的人文历史资源未被充分定位，尤其与整个地域传统文化的关系问题等。应梳理历史文化特色、背后的历史成因，以整体观视角深入挖掘该地区的文化特征，关注日常生活中的审美体验等。

另外，应基于国内外城郊景观理论，通过搜集大气环境、水环境、声环境等区域地理信息，并进行影像解析、可达性分析及水文分析等初期准备。通过搜集地方志及民间传说等历史资料，梳理延庆区的自然景观和人文景观构成要素；通过拍摄延庆区影像资料并从视觉图像角度分析景观元素；通过进行当地居民访谈调研，分析理想宜居环境的关键特征，进一步探索延庆区景观规划的独特属性。

2. 第二次实地调研总结

根据研究基础成果以及前期调研内容，2018年课题组针对延庆区及周边区域进行第二次调研，分别从地理生态、文化生活、审美认知三个层面调研延庆区景观与环境现状。

地理生态方面，从延庆野鸭湖、妫水河沿岸、八达岭附近选择研究对象，深入实地，结合生态学理论及方法，直观评估所涉及的可能性实例区域，如采集妫水河延庆区核心段现状照片，评估河滨自然生态状态以及建成景观状况。经过实地调研后展开对延庆区地理生态方面的相关研究：一是基于延庆区景观综合评价结果，结合十个区域进行校核；二是以妫水河流域生态环境为例，分析问题并结合生态学与哲学理念，提出该区域内生态涵养及景观设计保护应遵循的相关实践原则。

历史风貌与生活方面，经过实地调研后展开对延庆文化历史方面的相关研究：一是以百里画廊为例，调研人流聚集情况、公共设施、交通状况等对人群聚集度与聚集位置在连续一周中进行考察和分析；二是调研以延庆双营古城为代表的古代夯土城墙和传统夯土民居的景观特征，从专业设计、新旧结合、改良配方、改良工具与工艺、合理规划等方面，梳理出现代夯土建筑呈现出的各种景观特征；三是以夏都公园为例，采集政策及公众反馈数据，结合实际调研数据并进行比较分析研究，研究景观政策与景观实际使用情况之间的关系；四是以延庆珍珠泉村为例进行实地考察，基于建筑、街巷和公共空间分析其景观空间特征，为珍珠泉村景观风貌的保护与建设提供理论依据。

艺术审美方面，通过实地访谈风景画家了解景观审美情况，调研古崖居与永宁古城景观营建中审美内容，调研榆林堡，结合延庆八景之一的榆林夕照，采集场景信息，探索空间图示语言的转化方法。经过实地调研后展开对区域审美认知方面的相关研究：一是以延庆八景诗词为例，将诗词中的景观要素转化成空间图示语言；

二是筛选代表性风景艺术作品，结合实地景观意象，探索基于风景艺术的景观审美特征。

5.2 延庆区生态与自然景观环境

5.2.1 延庆区自然与生态概述

1. 地理位置

延庆区地处北纬40° 16′ ~ 47′，东经115° 44′ ~ 116° 34′，东与怀柔相邻，南与昌平相连，西面和北面与河北省的怀来、赤城接壤。在延庆地域总面积1993.75km² 中，山区面积占72.8%，平原面积占26.2%，水域面积占1%。

2. 地表水系

延庆区境内四级以上河流18条，如图5-1所示，分属潮白河、北运河、永定河三个水系。其中妫水河和白河为三级河流，河道总长280km。还有官厅、白河、古城等大、中型水库3座，佛峪口、小张家口、土水沟等小型水库有10多座。潮白河水系在延庆区流域面积821km²，经赤城流入延庆区白河水库，经过人为调控可以通过白河引水工程补给官厅水库与十三陵水库，年供水量可达1亿m³。北运河在延庆区流域面积107.4km²，主要在东南部大庄科乡一带。妫水河是永定河支流，为延庆平原主要河流，流域面积1064.3km²，发源于延庆区东部山区，西行注入官厅水库，主要支流有佛峪口水库、蔡家河、古城河、三里河等，上游与白河引水工程连接。妫水河从东向西横贯盆地中部，城区坐落在妫水河边，被称为妫水明珠。

3. 气候特征

延庆区具有冬冷夏凉的特殊气候环境，有着北京"夏都"之誉。延庆区属大陆性季风气候，为温带与中温带、半干旱与半湿润的过渡地带。春季干旱多风，夏季多雨有冰雹，秋季比较凉爽，冬季少雪。四季分明，昼夜温差大，全年无霜期155 ~ 165天，年平均温度8.5℃，最冷月（1月）平均温度-8.8℃，最热月（7月）平均温度23℃，极端最低温度-27.3℃，极端最高温度39℃，年降雨量434.6mm，东部

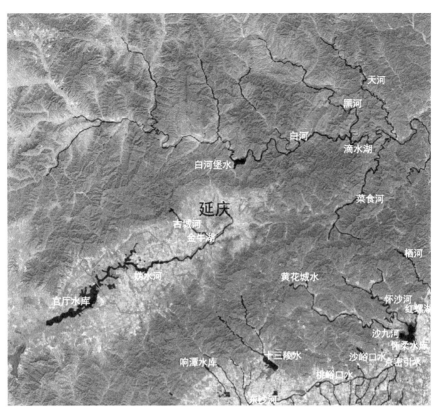

图5-1 延庆水系分布图

多于西部，大多集中于7～8月，占全年降雨的72%，年平均风速3.1m，1月风速最大，为4.1m/s，8月风速最小，仅1.7m/s，主导风向为西南风。这里是华北地区五大风廊之一，四季多风，大于17m/s的大风日年均39天。

4. 地形地貌

如图5-2所示，延庆区是一个北东南三面环山，西临官厅水库的小盆地，即延怀盆地，延庆位于盆地东部，称为延庆盆地。地势平坦宽阔，局部地区有低山丘陵，平均海拔500m以上，境内海坨山海拔2233.2m，是北京市第二高峰，"海

图5-2 延庆地形地貌特征图

坨戴雪"成为北京的一景。盆地四周地区，除少数岩浆岩外，大部分是石灰岩。岩浆岩主要分布在海坨山、军都山一带，其岩性主要是花岗岩和安山岩，其次还有凝灰岩等。延庆区境内土壤分五个土类，山地草甸土、棕壤、褐土、潮土、水稻土。

5. 树木植被

延庆区林木绿化率达到了71.67%，形成了"森林走进城市，拥抱森林"的城市特色景观。延庆区高绿化率得益于中华人民共和国成立以来全民植树造林和封山育林等举措，依托自然保护区建设四大生态走廊，森林覆盖率从1981年的17%提高到近年59.28%。在农田林网建设过程中，376个行政村有358个村庄绿化率超过了30%，农田林网率达到100%，共创建首都园林小城镇10个、首都花园式街道3个、首都花园式社区23个、首都绿色村庄119个、首都花园式单位308个，使全区人居环境得到整体优化。鉴于延庆区环境建设对自然与生态因素的重点关注，改变了境内荒山、荒地、荒滩的环境特征，山水城市的景观与环境格局初具规模。具体来看，地带性植被为落叶阔叶林，山谷两侧山坡以椴树为主，山坡上以栎树为主。

5.2.2 延庆区自然环境开发现状

1. 延庆区自然保护区

根据北京自然保护区名录可知，延庆区有10个自然保护区，自然保护区的总面积为551.7km²，占全区总面积的27%以上，如表5-2、图5-3所示，这是延庆区生态立县，发展休闲度假，观光旅游经济的重要条件。这些不同性质的自然保护区有着不同的保护目标和功能，它们共同为延庆区创造了良好的生态环境，也构成了延庆区的生态品牌。

延庆区自然保护区一览表 表5-2

序号	自然保护区名称	类型	面积（hm²）	批建时间	主要保护对象
1	松山国家级自然保护区	森林生态系统	6212.96	1985.04	金雕等野生动物，天然油松林
2	野鸭湖市级湿地自然保护区	湿地	6873	1999.12	湿地、候鸟
3	玉渡山区级自然保护区	森林生态系统	9082.6	1999.12	森林与野生动植物

续表

序号	自然保护区名称	类型	面积（hm²）	批建时间	主要保护对象
4	莲花山区级自然保护区	森林生态系统	1256.8	1999.12	野生动植物
5	大滩区级自然保护区	森林生态系统	15432	1999.12	天然次生林及野生动植物
6	金牛湖区级自然保护区	湿地	1243.5	1999.12	湿地
7	白河堡区级自然保护区	森林生态系统	7973.1	1999.12	水源涵养林
8	太安山区级自然保护区	森林生态系统	3682.1	1999.12	森林及野生动植物
9	水头区级自然保护区	森林生态系统	1362.5	2017.09	森林及野生动植物
10	朝阳寺市级木化石自然保护区	地质遗迹	2050	2001.12	木化石

图例　延庆自然与文化保护区
████　自然与文化遗产保护区

图5-3　自然保护区分布图

　　目前，这些保护区的保护状况和管理水平存在着很大的差异，国家级、市级保护区完成了科学考察和规划，建立了较为完善的管理机构，如松山自然保护区。部分县级自然保护区在"十一五"期间全部完成了建设规划的编制工作，在"十二五"期间重点根据县经济实力情况和保护对象的重要程度，分别落实保护区的建设规划，组建保护区的管理机构，以及实施有效保护工作。

2. 延庆区生态资源优势以及生态旅游开发

延庆区生态和文化旅游资源丰富多彩，生态旅游成为国民经济建设的重点，所建立的生态示范区侧重发展生态旅游类型，如图5-4所示。延庆区自然景观资源具有显著的优势，属于全国第一批国家级生态示范区，是北京市第一个国家级生态示范区，是西部生态屏障的重要区域。延庆区在西部发展还承担水源保护和风沙治理职能，相关专家指出应充分利用区内环境优势、文化优势、旅游资源优势、生态产业优势，基于生态与环境保护为基础建设生态型城镇发展策略，即着力加强生态农业经济、服务经济、体验经济体系，同时注意集约用地、预留发展空间。

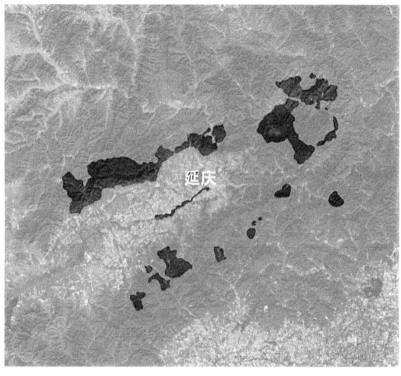

图例　延庆风景旅游用地
　　　风景旅游用地

图5-4　风景旅游用地图

专家指出自然保护区已不是一个简单的保护实体，而是一个把保护与发展密切结合起来，实施可持续发展战略的生态发展基本单元，要赋予明确任务和相应投入，发挥其在维护区域生态安全、繁荣地方经济和提高当地人民生活水平的作用，要通过较详尽的自然和社会经济条件摸底调查，弄清其确切的保护功能和资源优势，明确定位适当的管理类型，按生物圈保护区管理模式要求，制定符合实际的生态发展规划和行动计划，建立健全管理机构。

在延庆区的生态资源中不仅具有生态价值还有许多独特的景区和民俗村落，例如妫水之源鳟鱼宴的上磨村、木化石群第一村的辛栅子、钟离故里的汉家川村、陶艺之乡的盆窑村、中华环保第一村的环碓臼石地球村、红苹果民俗村的里砲、迷彩度假村的东沟、清凉山谷之称的珍珠泉、湖畔渔村的下营、妫村绿野的小丰营，这些村落都可提供观光旅游、生态探索研究、认识和欣赏传统文化、生态养生和休闲度假之用。生态资源与人文景观资源相结合、相互促进，是当代生态旅游开发不可忽视的内容。

3. 延庆区景观与环境问题

延庆区生态环境也存在问题。相关专家曾指出延庆区受地质条件影响较大，盆地边缘断层现象突出，浅山和丘陵区大部分阳坡植被稀疏，覆盖度很小，在石灰岩山地以及坡度35°以上陡坡岩石裸露，少灌无草，水土流失严重。由于以往的城市建设中忽视了人口增加和建设规模对自然生态、历史遗存的威胁，保护意识淡薄，造成部分文物破坏，生态环境品质下降等问题。另外，景观与环境还存在问题尚未形成并推行精细化管理与建设的理念，环境建设较为粗放，部门管理条块分割严重，所执行的相关规范与标准不统一、多头管理等，造成实际操作层面的诸多问题；重建设轻管理，缺乏长期跟踪与评价机制，造成实施效果的不可持续问题较为突出；景区特色与形象塑造不足，配套服务设施建设水平有待提高；一村一品的特色和差异性不足，规范化建设有待加强。

5.2.3　延庆区生态环境营建政策与法规

1.《延庆分区规划（国土空间规划）（2017—2035年）》

《延庆分区规划（国土空间规划）（2017—2035年）》（以下简称《分区规划》）作为延庆区级层面的总体规划，是在《北京城市总体规划（2016—2035年）》（以下简称《总体规划》）指导下，落实党中央和北京市关于生态文明建设的相关要求，对延庆区发展作出的全面指引和安排，是指导延庆区实施生态文明战略的行动指南。

该规划在"绿水青山就是金山银山"的理念下，牢牢把握总体规划对延庆提出的功能定位，紧抓北京2022年冬奥会和冬残奥会、2019年中国北京世界园艺博览会的历史性机遇，实现高质量绿色发展，建设国际一流的生态文明示范区。坚持将保障首都生态安全作为主要任务，强化全区生态涵养功能，构建绿色空间体系。坚持服务民生，加强全区住房保障，构建优质均衡的公共服务体系和国际标准的旅游服务体系。统筹城乡均衡发展，建设生态宜居新城、精品小镇、美丽乡村。深入挖掘历史文化资源，保护长城和各类文化遗产，体现自然山水和历史文化特色。坚持多规合一，实现"一张蓝图绘到底"。

《分区规划》全面落实《总体规划》，将延庆作为"首都西北部重要生态保育及区域生态治理协作区、生态文明示范区、国际文化体育旅游休闲名区、京西北科技创新特色发展区"功能定位，以八达岭长城、冬奥会赛区、世园会园区、中关村延庆园为载体，加强对首都政治中心、文化中心、国际交往中心、科技创新中心职能的支撑作用。《分区规划》在建设生态文明示范区基础之上建设和谐人居环境，构建生态与人文融合的家园环境，实现京津冀区域协同发展。

2. 《关于推动生态保护和绿色发展的若干措施》

《关于推动生态保护和绿色发展的若干措施》（京延发〔2019〕22号）是延庆区委区政府制定并颁印，主要措施有：一是落实生态保护补偿机制，主要通过增强资金保障力度和统筹能力、推动生态资产确权生态产品交易、大力发展绿色金融、推进高水平生态涵养保护、加强规划管控；二是提升基础设施建设水平和公共服务能力，主要通过开展基础设施和公共服务设施摸底调查、完善交通基础设施、完善污染治理基础设施、加强城市公共空间风貌设计、加强智慧延庆建设、补齐服务与保障短板；三是培育壮大主导功能和产业，主要通过改革优化营商环境、用好与海淀区结对协作工作机制、培育壮大园艺产业、培育壮大冰雪体育产业、培育壮大文化旅游产业、培育壮大科技创新产业。

5.3 延庆区文化与历史景观环境

地域文化是指在一定的地域范围内长期形成的历史遗存、文化形态、空间形态、社会习俗、生产生活方式等，并在一定的地域条件下，如海洋、山脉、河流，以及气候特点乃至独有的人文精神等，对某个地域的诸多影响。它包含根生于一个地方的特殊要素，即居住于一个地域的人群，控制一定的自然资源，并以一定的文化价值联结在一起。地域文化需经过一个漫长的周期形成，并在形成过程中不断变化逐渐趋于稳定，形成区域特有的文化，具有鲜明的地域性、传统性和独特性。

5.3.1 延庆区文化与历史概述

延庆古称夏阳川、妫川。大约六七千年前的旧石器中晚期，延庆区境内已有居民活动。延庆区位于京都西北，处于山嵌水抱的延怀盆地，自古与冀、晋、蒙、辽相通，文化积淀深厚，历史上的延庆区是中原与塞北民族交融之地。因而延庆区的历史文化具有鲜明的民族个性。在整个中华历史文明发展过程中，延庆区经历了部族交流与矛盾、融合与战争。北京市文物研究部门在延庆区靳家堡乡路家河、沙梁子乡菜木沟，发现了距今一两万年之前的旧石器时代文物，以及新石器时代文化遗址和商朝时代遗址。

自古以来延庆历史发展的主线就是北方游牧民族和汉民族的融合交流，民族融合与发展是延庆区历史文化的重要特征。如表5-3所示，通过搜集和整理历史资料可知延庆区各时期发展过程：《史记》记载黄帝与炎帝三战而后合，得其志于阪泉。燕昭王二十九年（公元前283年）置上谷郡，延庆第一次设置行政管理机构。两汉时期，上谷郡逐渐成为中原与匈奴、乌桓等游牧民族的战略缓冲区。自东周燕国设置上谷郡起，此后各个朝代先后在延庆区境内设置过行政机构。隋唐时期的延庆地区逐渐发展成重要的军事要地，也是南北物资交流通道。唐太宗贞观八年（634年）改为妫州，唐玄宗天宝元年（742年）改为妫川郡。《延庆五千年》中提到延庆南菜园出土一墓石，开元二十八年（740年）时延庆确为儒州。辽会同元年（938年），后晋石敬瑭将幽云十六州之地割让给契丹，元初复置缙山县。延庆境内城堡林立，尤其明代是典型的军事防御要地。延庆区至今仍保留以"营""屯"等具有军事意义的地名。明初为防御北方民族扰乱，驻屯设营，驻守疆域，形成了纵深交错的长城防御体系。清代，满汉蒙一统，历经数百年的融合与发展，延庆最终形成了多元文化共存的文化体系，影响至今。民国二年（1913年）全国废州改县，延庆州始称延庆县。延庆自此揭开了其"立县百年"的序幕。中华人民共和国成立后，1952年撤销察哈尔省后改属河北省张家口地区。1958年10月划归北京市，成为首都西北门户。

延庆区行政建制历史脉络统计表　　　　　　表5-3

时代	州、郡、省（或诸侯国、大分裂时期的朝代）	延庆境内的行政机构
旧石器时代	约六七千年前，境内即有居民活动	无
东周	燕昭王二十九年（公元前283年）置上谷郡	上谷郡
秦	上谷郡	居庸、上兰
西汉	上谷郡（15县）	居庸、夷舆（山戎）
东汉	上谷郡（8县）	居庸县
南北朝	北魏重设上谷郡	居庸县
	东魏东燕州（3郡6县）	居庸县（上谷郡）
唐	北燕州（唐初）、妫州（贞观八年634年）	怀戎县
	妫州郡（天宝元年742年）	妫川县（州治）
	儒州郡（唐末）	缙山县（州治）
五代十六国	北齐、后赵、前燕、后燕	怀戎县
辽金	儒州郡、妫州郡	缙山县
元	大都路奉圣州（元世祖至元初）	缙山县
	龙庆州（元仁宗延祐三年1316年）	龙庆州
明	隆镇卫（明初）、隆庆卫（建文元年1399年）、隆庆州（永乐十二年1414年）、延庆州（隆庆元年1567年）	延庆州
清	延庆州	延庆州
民国	察哈尔省（1913—1949年）	延庆县
中华人民共和国	察哈尔省（1949—1952年）、河北省（1952—1958年）、北京市（1958—2015年）	延庆县
	北京市（2015年拆县设区）	延庆区

延庆区因独特的自然环境和生态资源，其景观形态独具特色，尤其是明清时期延庆"八景"文化兴盛。例如，明代"妫川八景"，即岔道秋风、榆林夕照、独山夜月、海坨飞雨、古城烟树、妫川积雪、远塞飞鸿、平原猎骑；清代"延庆八景"有所变化，海坨飞雨、神峰列翠、荷池夕照、妫川积雪、古城烟树、独山夜月、缙阳远眺、珠泉喷玉。延庆区的胜景山水也吸引统治者的关注，据史料记载延庆区还常被作为皇室营造苑囿的地方，如元代《元史》记载的皇家园林"香水园""流杯池""车坊官园"等。

另外，整体研究延庆区文化与历史的学者并不多，其中以徐红年《延庆史话》、宋国熹《延庆五千年》较系统全面，另外还有《延庆文化文物志·文化卷》《延庆区志》《延庆博物馆》《北京考古志：延庆卷》等，除此之外还有针对具体区域的专门研究，如《话说八达岭与长城》《长城踞北》《延庆竹马》《延庆方言》等。

5.3.2　延庆区文化景观开发现状

　　文化景观指人类与自然环境之间相互作用或融合后产生，是一种具体而特别的景观。文化景观是人类传统文化的物质载体，文化景观也是人类共有的文化遗产。如图5-5所示，在延庆文化型遗产资源中有1处国家级文保单位、7处市级文保单位、县级重点文保单位107处。延庆区文化景观主要围绕人类生存与生活需要，如古城遗迹、古寺观、古民居、长城遗址、古城堡、古衙署、古墓葬、红色遗址等。

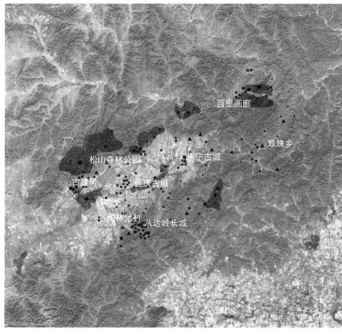

图5-5　延庆自然人文资源图

　　关于生存方面是以人们日常生活提供保障为主要目的。如长城、古堡等作为古代主要的军事防御设施。八达岭长城位于区境东南端，又是北京的北大门，是北方草原与中原的链接枢纽。相对于生态资源来讲，延庆区人文景观资源的开发较慢，目前以八达岭长城的保护与开发力度最大，而且作为世界文化遗产的长城，每年都吸引着成千上万的游客前来旅游。此外，在延庆境内还存在一些早期长城遗址，如燕长城等，但大都年代久远，损毁严重。在延庆长城附近有军队驻扎以及古堡建设，古堡遍布延庆境内，以古州城为中心，东面有永宁城、四海冶，东南有柳沟营，南有岔道城，其他有周四沟、靖安堡、千家店等。目前多个村庄仍保留以

"营""堡""屯""台"等称谓,如东曹营村、三堡村、陈家营、姜家台村等。近年来有相关研究者指出相对于长城与古堡,古衙署并未得到人们的足够重视。据史料记载,如蚩尤城、古上古郡、居庸废县、夷舆废县、乌桓校尉府、废儒州、香水园、隆镇卫城、榆林堡古驿站、辽萧后羊房、元缙山行宫等。另外,近现代以来的"红色"文化景观资源越来越得到关注,尤其是所产生的社会影响价值不可忽视,如以红色遗址景观为主题的平北抗日纪念馆等。

关于生活方面是以人们日常生活的住宅、社区、街道等景观内容。从古城和古民居来看,古城是指百年以来保存或修缮完好的大规模古代城市聚落。延庆城东的永宁古城建制始于唐代,取《书经》"其宁唯永"之意,目前古城内保存有天主教堂、玉皇阁、火神庙等历史遗迹。延庆区与生活环境相关的古民居景观资源也体现了独特的地域特色。古民居主要有永宁城南街黄甲巷4号、西五里营戏楼、古崖居等,其中最著名的是古崖居,古崖居"千古之谜"的神秘历史成为专家与公众的热点话题,至今学界对古崖居年代、历史原因、结构形态等仍未达成共识。古崖居位于北京市延庆区张山营镇东门营村北,岩上共有147个洞穴,是中国已发现的规模最大的崖居遗址。古寺观数量较多,相关记载也较完备,清代修撰的《延庆区志》记载110多处古寺观,如灵照寺(金称观音寺)、黄柏寺、神仙苑寺、西岩寺、应梦寺、永觉寺、天成观、瑞云观。另外在永宁还有一座天主教堂和若干具有民间宗教特色的庙宇。

5.3.3 延庆区文化景观营建政策与法规

除《保护世界文化和自然遗产公约》《文物保护法》《自然保护区条例》《地质遗迹保护管理规定》等高级别的保护管理法规外,北京市也针对境内的各自然保护区、风景名胜区、文物保护单位等颁布了一系列地方性保护法规,如《关于百花山和松山自然保护区管理暂行规定》《北京市公园风景名胜区安全管理规范(试行)》《北京市森林资源保护管理条例》《北京市长城保护管理办法》《长城保护条例》。对于长城这样世界级的遗产资源,延庆地方政府还特别颁布了《延庆区长城保护行动纲要》。这些法律法规的制定与实施,加强了区内遗产资源的保护力度,使得区内的遗产资源管理与保护有据可依。

5.4　延庆区公众与生活景观环境

5.4.1　延庆区民风民俗

景观与人密切相关，景观环境是人生产与生活内容的载体。一个地区特有的环境空间催生了独特的生产生活形态，这些生产生活形态又丰富和改造了环境。延庆区的民风民俗内容是研究该地区景观环境"性格"的重要参考依据。延庆区人民的衣、食、住、行、乐中产生了特有的地方特色与民族风俗，这些生产与生活过程构成了妫川文化的基石。

在"衣、食、住、行、乐"方面：延庆区虽为多民族交融之地，仍以汉族服饰为主；延庆区小吃品类繁多，仍具有北方饮食的显著特征；延庆区民居多依地理与自然环境影响建造四合院，注重门楼与影壁的设计，在永宁古城保留一处影壁墙且被收录进《北京古墙》中；延庆区自古是连接中原与塞外的要道，官道与驿道网络便捷，在明嘉靖《隆庆志》曾记载延庆"上应躔次，下踞形式，旁达舟车"。关于"乐"方面包含民间艺术与民间工艺美术两部分，创造和引进了花会、灯会、戏剧等多种文化艺术形式，民间手工艺品包含绘画、制陶、雕刻、缝绣、编织等几大类。在古城遗址中还保留了多处明清两代古建彩绘、壁画。

5.4.2　延庆区居民生活环境现状

景观环境与人类密切相关，因不同生产与生活活动所需形成不同景观形态。通过搜集延庆区居民生活活动，主要包含生态类和文化类相关生活活动。

1. 生态类

生态自然是延庆区环境资源的优势，与生态相关的活动已深入居民日常生活中。如2017年第五届延庆休闲农业与乡村旅游，以"生态延庆，休闲生活"为核心，通过文艺演出、实物展览、视频播放、现场互动等方式，倡导绿色农业、生态农业、创意农业的新理念。延庆居民区还开展"庆乐荟"自治品牌培育项目，是以"乐活延庆"为主题的绿植手工活动。世界园艺博览会以园艺为媒介，传达"绿色生活"的生产与生活理念，弘扬"美丽家园"的建设理念。延庆区各社区还组织全民参与义务植树活动，共创国家森林城区。

2019年5月《北京晚报》曾介绍延庆新建、改建公园广场14个，城市绿化覆盖率达到67.99%。森林质量显著提升，城市森林树种丰富多样，乡土树种数量占城市绿化树种使用数量的90%以上。先后建成松山、玉渡山等10个国家级和市区级自然保护区，从而形成延庆居民出门500m见休闲绿地，还形成了果品、花卉、林木种苗、林下经济、蜂业、生态旅游、绿岗就业七大产业框架，使踏青赏花、观光采摘、森林体验为内容的生态旅游成为了新的经济增长点。

2. 文化类

延庆区景观文化是以长城文化、古崖文化、山戎文化、民俗文化为代表，其中延庆区境内现存的明长城成为观光与滑雪相结合的景观文化；延庆张山营镇西北的古崖居至今仍被被誉为是"中华第一迷宫"，是目前华北地区已发现的规模最大、规格较高的一处古人洞窟聚落遗址；延庆区玉皇庙、葫芦沟、西梁垙等地发现山戎部族的文化遗存；延庆区兼具农耕文化与草原文化交汇，明清以来士兵、江淮人、山西移民、蒙古部落、官吏、清初八旗子弟等融合演化，从而形成了独具特色的生活方式和民俗地域文化。

延庆区的传统文化活动较为丰富，例如，端午文化节系列文化活动，赛龙舟等水上活动，舞长龙、跑竹马、踩高跷，流传了400多年的节日花会表演，尤以旱船、竹马、九曲黄河灯、猪头狮子等别具一格，独具特色。延庆区还开展老少皆宜的文化活动，例如百泉街道开展的趣味猜灯谜文化活动。

另外，还有关于家风建设、社区活动与志愿服务等活动，例如以用身边事教育身边人的家风孝道文化；以服务百姓为主导的社区活动，在世界园艺博览会的生活体验馆，以"果、药、菜、茶"为主题，给城市中的人们提供了一个别致的园艺体验；志愿服务活动是以科技培训、科技下乡、科普宣传等为主要内容的科技志愿服务活动，同时企事业单位也积极参与文化建设活动，如在延庆区大禹树镇大坂树村，举办以"双手前进，暖心"为主题的文化慈善活动。

5.4.3 延庆区居民生活环境展望

景观与环境营建具有增强人民群众的获得感、幸福感、安全感的潜在作用，居民生活环境不仅需要景观与环境的科学营建，也需要探索环境营建的体系化研究，尤其

是科学与艺术相结合的整体性营建。根据相关统计数据显示，北京延庆新增107km^2
林木，实现了71.67%的林木绿化率，目前还倡导积极营建长城国家森林公园，实现"京
畿夏都宜居地，长城脚下森林城"美好愿景，同时突出强调了"让园艺融入自然，让
自然感动心灵"的生态价值观和绿色理念。而且，北京世界园艺博览会的建设与开
放，也使得延庆逐渐形成"一城山水半城园"的景观风貌，更体现了"夏都延庆"的环
境特征。"山水田园、园林文化、绿色生活"是未来延庆景观与环境发展的核心内容。

5.5　延庆区景观环境的审美与认知

5.5.1　延庆区景观风貌演变

1. 延庆区辽代至1959年景观地理形势图

依据延庆规划展览馆的地理形势图，即辽、元、明、清、民国及1959年延庆地
图区划。从平面形制来看，可归纳为辽元、明清、民国与1959年三组，各时期版图
迥异，各组后一时期都较前一时期行政区划扩大，但北部黑峪口、东部四海村、中
部妫水河附近、南部八达岭等仍属于延庆区辽代以来行政范围内。

2. 延庆区当代景观规划策略中审美因素

《延庆分区规划（2017—2035年）》借鉴19世纪奥地利城市规划师卡米诺·希
特（Camillo Sitte）"城市建设艺术"的理念，通过在自然地理空间格局基础上设计
独特的空间节点来体现艺术特征。西特在《城市建设艺术中》认为城市环境在视觉
艺术上具有整体性，强调人的尺度、环境的尺度，达到城市建设和环境建设一体化
的有机结合。《延庆新城规划（2005—2020年）》重点突出其作为北京"生态涵养
重点"，该规划主要运用生态学与建筑学知识确定延庆区建设策略、建设北京"生
态涵养区"，以创造有机共生的山水园林式小城市为原则，实现"创造欣赏景观、
陶冶性情、体验田园生活宜人氛围"。景观审美研究必不可少，但该说明仅从空间
主色调、景观节点、美化街道环境等方面提出审美营造建议，缺乏系统研究。经过
实地调研延庆区景观建设现状，目前景观审美方面多采用城市模式或乡村模式，景
观环境整体过渡不自然，景观与建筑形态多采用西方风格或过于简单化、原始化风

格，缺乏科学合理的审美管控和引导，直接影响了景观审美形象和品质。

5.5.2 学术界对延庆区景观与审美关注度情况

本研究以国家图书馆数据为来源，涵盖报纸、期刊、会议、年鉴以及中文资料，使用关键词"延庆风景（景观）""延庆生态""延庆风景（景观）美（审美）"检索为三个系列，共搜索1987—2017年30年间的文献资料1141项，其中包含图书、论文、报纸、会议、词条等。

1. 三个系列的数量与类型情况统计分析

通过采集及数据清洗并筛选后结果是：系列1"延庆风景（景观）"共采集到共232项，系列2"延庆生态"共采集到906项，系列3仅有3项。如图5-6所示，系列1与系列2比较分析，系列1各项研究成果自2004年逐渐得到社会和学界关注，2008—2010年增长迅速，此期是30年间风景与景观主题被关注的顶峰，2010年以后的研究成果逐年递减，期间略有增长但起伏不大。系列1与系列2相比较可知，延庆环境主题中"生态"比"景观"更多被关注，系列1与系列2起伏变化态势比较一致，但系列2关注热度变化更明显、系列1变化则趋于缓和。延庆"景观"与"生态"关注度变化一致。2000年以来被关注度逐年下降。而对于系列3专门针对"风景（景观）美（审美）"为主题的文献资料比较匮乏，仅以报道或论述自然美及生态美。

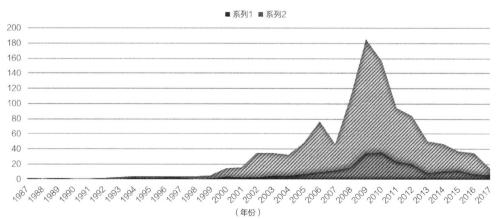

图5-6　1987—2017年"延庆区风景与景观"主题文献资料统计图示

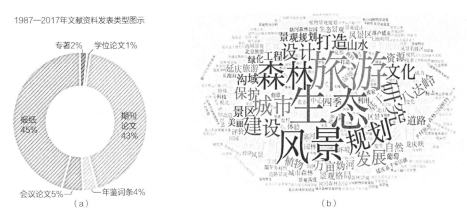

1987—2017年文献资料发表类型图示

图5-7　1987—2017年系列1（延庆风景/景观）文献资料发表类型（a）与词频图示（b）

2. 系列1的发表类型及主题内容统计分析

一是关于发表类型：如图5-7（a）所示，各类研究成果主要发表于期刊及报纸，以学术研究及媒体报道为主，以系统性研究的学位论文较少。二是关于文献资料主题：对系列1文本数据进一步清洗，即将"北京""延庆""景观"检索词去掉后可得文本所隐含的高、中、低频词，如图5-7（b）所示"旅游""生态""风景""森林"以及"规划"等为高词频，其次"设计""建设""保护""城市""妫河""绿化"等为中等热点词。

综上所述有关延庆区景观环境审美认知方面，从延庆区历史发展来看，妫水河附近、永宁古城、八达岭长城、百里画廊附近、四海村及东北部山区地理格局基本保持不变，三面群山环绕，数条河水排布是延庆区独特的山水格局，目前已形成千家店、龙庆峡、古崖居、八达岭四大景观风貌园区。历史上延庆区景观审美感知与艺术表达内容以传说史话、诗词欣赏为主，山水画数量在古代较少，直至近现代环境政策以及旅游业的推动，促使学界开始思考景观环境中生态保护与审美形象等问题，尤其是近年来延庆区承担越来越多与景观相关的活动，延庆区景观与环境审美问题值得关注。从近30年间文献资料来看，延庆环境中对"风景与景观"主题关注度不高，而且比较缺乏对景观审美主题的关注和系统性研究，在词云图中也可看出"生态"在延庆景观资料中占据首要位置，对于生态与审美协调、环境整体性发展、景观科学与艺术等内容并未得到关注。

在以"生态立县"为宗旨的城区规划中欠缺对景观审美多角度思考，在景观与环境建设、景观与环境设计实践中多借鉴于国外现代设计理念或中式符号，缺少对中国传统审美的系统性研究。在传统文化回归与当代发展共同影响下，具有中国传统审美的景观形态营造未达成共识。

与北京其他区县相比，延庆区经济不发达，但自然景观资源较丰富，生态环境保护良好。在环境整体观视角下，景观环境的研究内容不仅包含自然生态、历史风貌、居民生活，还包含文化与艺术方面的内容。在"生态立县"政策背景下延庆环境营造过程中存在景观审美问题的缺失与模糊，景观与审美关注度较匮乏、系统性研究不足。

5.6　本章小结

景观环境与人的生产生活密切相关。本章以延庆区景观环境空间的生态、历史、文化、生活、审美为调研对象，从人与自然关系的视角探讨延庆区景观环境的特征。本章是探讨延庆区景观整体设计问题的参考依据。本章基于前文整体设计相关理论基础、研究概念、研究方法等分析后，对延庆区景观建设现状进行分类梳理和归纳，通过文献资料、数据信息、图文资料以及实地调研的方式，关注区域环境的生态、历史、文化、生活、审美等内容。

在自然与生态方面调研景观资源与建设现状，通过第一次实地调研城镇物质构成与公众关系、公众对城镇环境的认知程度、自然生态与城镇建设关系方面、风景区规划设计现状方面、人文历史价值方面，主要是从宏观层面认识延庆区环境概况。通过第二次实地调研延庆区地理生态、文化生活以及审美认知方面，从微观层面了解延庆区的景观环境。

在文化与生活方面了解景观文化的开发现状，通过梳理延庆区行政建制的历史演变、人文资源开发情况以及环境营建政策等内容。在"衣、食、住、行、乐"中了解公众与生活特色，从生态与文化两个层面了解延庆区居民生活环境特点，还提出景观与环境营建具有增强人民群众的获得感、幸福感、安全感的潜在作用。

在审美与认知方面，通过比较辽代至1959年地理形势图了解延庆区景观风貌的演变过程，分析延庆区规划中对审美因素的关注；分析延庆区审美认知的历史发展，从访谈调研中总结景观审美问题；发现当地对环境认知的历史发展情况；基于国家图书馆数据，分析学术界对延庆区景观与审美的关注程度。本章对延庆区景观建设现状与特征的研究为进一步开展具体研究打下基础。

第

6

章

1 2 3 4 5 6 7 8 9 10

延庆区景观生态
特征评价

本章是延庆区"景观与环境整体性"研究内容之一，也是研究的前提和基础，依据前文有关延庆区景观环境建设现状与特征，首先分析延庆区作为首都"生态涵养区"的职能与定位，然后通过分析景观单元以及选择景点校核的方式进行景观综合评价，最后基于生态学与深层生态学探讨景观设计的哲学启示，及其对延庆区景观建设的保护与启示。

6.1　延庆区生态环境特征与职能定位

延庆区是首都生态屏障和重要资源保证地，是环境友好型产业基地。综合北京新一轮总体规划背景以及京津冀环境发展格局，对延庆区生态职能定位进行阐述。

6.1.1　生态涵养区

延庆区是北京市生态涵养区之一，在2020年首都环境建设管理综合考评中，延庆区位列生态涵养区首位。所谓生态涵养区，即城市的生态屏障和生态资源保护地，其设立往往依据于地区环境承载力、自然资源现状基础、现状开发状况及未来开发潜力等因素。集中体现在对区域内森林资源的修复与保护、湿地水源的涵养与小流域治理、区域风沙状况的改善、动物栖息地的保育、农业生态景观的规划与保护等方面。

推动生态涵养区建设一方面要通过国家公园体制[①]，健全自然区域内森林公园、湿地公园、风景名胜区建设，另一方面要通过城市县域空间内城市公园、社区公园的小生态营建。生态涵养的目标对象不仅包括森林水源等自然要素，也需要通过景观设计涵养城市居民，以更好地实现发展生态成果被人民共享。

---

① 国家公园体制是2017年3月5日，在中华人民共和国第十二届全国人民代表大会第五次会议上所做的政府工作报告中提出。国家公园是国家批准设立主导管理，以保护具有国家代表性大面积自然生态系统为主要目的。

6.1.2　延庆区生态职能定位

延庆区在未来的区域发展中，对于京津冀协同发展以及连接北京张家口联合举办的2022冬奥会有着重要的地理意义。《北京市总体规划（2016—2035年）》（后文简称总体规划）提出构建"一核一主一副，两轴多点一区"城市空间新格局，其中一区，指的是生态涵养区，延庆区凭借其良好的自然风景现状、京西北地理区位而位列该功能承载区之一，是承载保障首都生态功能的关键区域。总体规划是由北京市委市政府总体部署，由北京市规划和国土资源管理委员会统筹各部门单位，经过专家论证、公众参与的一项城市发展规划指南，其承接于《北京市总体规划（2004—2020年）》，是我国自1949年以来北京市第七次制定城市总体规划。

作为国家首都及中国历史名城之一，北京地区的生态环境问题较为突出，优化解决"大城市病"以及环境污染等问题迫在眉睫，因此生态涵养区建设是京津冀生态大格局保障的重要区域，也是生态理念下环保建设实践的试验田。

总体规划对于生态涵养区的表述中，明确了延庆区的功能定位，即"首都西北部重要生态保育及区域生态治理协作区；生态文明示范区；国际文化体育旅游休闲名区；京西北科技创新特色发展区"。由此可见，"生态"已成为延庆区城市环境建设的核心关键词。因此，延庆区未来城市发展、环境建设均应以保障自然、涵养生态为总体目标，提升自然环境与城市人居空间的生态功能。

6.2　延庆区景观质量综合评价[①]

延庆区景观综合评价主要侧重自然与生态视角下景观特征，尤其是景观的地质、地貌、土壤、植被与地标覆盖、水、空气与气候和土地利用信息。本节研究内容是建立在之前延庆区景观评价研究基础之上，通过地理信息系统（Geographic Information System，GIS）实地检测得到的数据，对延庆区29个景观单元、10处景观节点进行景观质量评价，进一步落实到具体景观节点的研究探索。

---

① 本部分内容节选自课题组成员程洁心的阶段性成果。

本课题组研究工作阶段目标是：对延庆区景观评价研究是建立在宏观分析，通过解析卫星影像初步判断延庆区的植被覆盖情况，并确立"生态敏感性、视觉吸收力、景色质量、视觉敏感度"的评价指标与方法。

6.2.1 延庆区景观整体的评价

1. 延庆区景观生态敏感性评价

生态敏感性评价，以保护区域景观生态格局为前提的生态敏感性评价，主要涉及五大要素，即生态林地基质、保护性资源斑块、河流水系基质、特定高程区域、地质灾害，如基于植被生态功能将生态林地基质划分为"基本农田、一般农田、林地、草地"，保护性资源斑块包括"基本农田集中区、生态严控区、森林公园及自然保护区"，相对高程50m以上的林地、农田生态敏感性较高，破坏后修复难度较大。

具体分析过程是：通过使用麦克哈格经典理论"千层饼模式"，首先分别评价各影响要素，根据各个要素相应的权重，并将各个要素的保护格局根据权重大小进行叠加，通过运算和判断决策，得到景观生态格局的综合评价，将评价结果通过"分位数"的分类方法进行分级，分为五级敏感区，分别为低敏感区、中低敏感区、中敏感区、中高敏感区、高敏感区。

2. 延庆区景观视觉吸收力评价

景观视觉吸收力从一定程度上表现的是景观可以拥有某程度的改变能力，容纳能力、修复能力，对于景观整体布局以及修复是非常重要的。景观视觉吸收力表现在其维持原有视觉特性的能力上，其与生态敏感性、生物多样性存在着正相关关系。景观视觉吸收力评价要素有自然物理要素以及观察距离、观察点数量、观察者数量、持续时间、观察方向、观测形式。

具体操作方法是：如图6-1所示，通过GIS平台的数据分析工具，对各评价要素进行空间落位，通过栅格计算器工具对要素进行叠加分析计算，得出景观自然物理要素叠加分析结果。结合景观节点进行近、中、远景分类解析，最终得出区域景观视觉吸收力评价结果。其中各等级与占比情况是：低吸收力占11.42%、中低吸收力占10.43%、中吸收力占30.07%、中高吸收力占23.96%、高吸收力占24.12%。

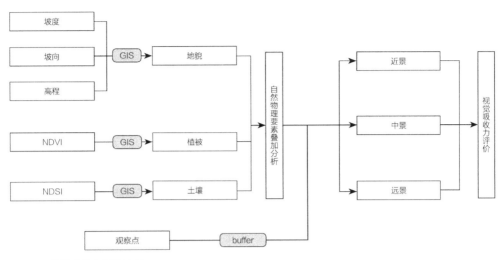

图6-1　视觉吸收力评价流程

3. 延庆区景观景色质量评价

景色质量评价是基于调研之上，将"复杂性（Variety）、生动性（Vividness）、独特性（Uniqueness）"作为评价指标。复杂性指景观变化无穷；生动性是指景观的对比性和主导性；独特性是受地域影响之下，从外观、文化、生态等各种角度产生的独特艺术创造，其中景观复杂性指标由景观的丰富度、破碎度、蔓延度决定；景观生动性由地貌复杂度、可见开放水体数、水景优势、空间开阔度、层次性决定；景观独特性由珍稀物种的情况决定。

具体操作方法是：如图6-2所示，提取专家评估法常用的复杂性、生动性、独特性三大景观形式要素特征，依托GIS分析平台，结合景观生态学关于景观指数的分析方法，尝试构建量化评价体系，与实际分析结果建立线性回归方程得到具体哪些指标与人类偏爱相关。其中各等级与占比情况是：低质量占0.4%、中低质量占15.6%、中质量占17.9%、中高质量占41.6%、高质量占24.5%。

4. 延庆区景观视觉敏感度评价

景观视觉敏感度是指该景观在整个景观环境中的重要性以及视觉效果的重要性。景观视觉敏感度则是通过描述景观要素的可见性，易达性来评价景观的质量，也就是说视觉敏感度高的位置不易受外界影响，所能感受到景观效果更为理想化。景观视觉敏感度评价选取可见性、易见性、清晰性及醒目性为评价指标，将相对坡度、视觉几率、视觉视距、醒目性作为评价因素。

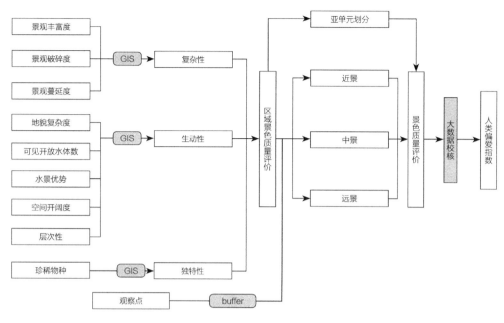

图6-2　景色质量评价流程图

具体操作方法是：如图6-3所示，基于评价指标依托GIS平台进行对比评价，并进行加权叠加分析，通过大数据分析，提取公众关注度要素，对景观醒目性指标进行校核。初步计算得出景观视觉敏感度。进而从近、中、远三个景观视觉维度进行分类型评价，最终得出景观视觉敏感性评价结果。其中各等级与占比情况是：不

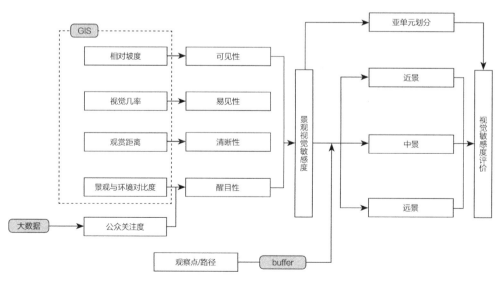

图6-3　视觉敏感度评价流程图

敏感区占18.8%、中低敏感区占22.2%、中敏感区占44.8%、中高敏感区占12.1%、高敏感区占2.1%。

6.2.2　延庆区29个景观单元的评价

基于对延庆区整体分析结果，本研究进一步落实到"面与点"的具体内容上，也就是说将延庆区划分为"景观单元"并找到具有代表性的"景观节点"。本研究虽然是对延庆区景观的深入研究，但实质上是对延庆区景观宏观评价结论的核验，最后回归至延庆区景观的整体评价中。因此，本研究首先通过水文分析模拟，如图6-4所示，依据自然汇水分区划分成29个评价单元；然后针对待评价景观资源初步排查，借鉴之前研究成果中有关评价范围、评价因子、评价体系，基于GIS平台对该区域进行评价分析，依托"生态敏感性评价、视觉吸收力评价、景色质量评价、视觉敏感度评价"四项内容，着重对29个景观单元以及10处景观节点进行评价研究。

本书基于景观地理因素划分评价单元，避免因其他因素影响评价结果。本书使用"水文分析"工具包对地表潜在径流进行模拟分析，得出区域范围内因地形地貌形成的天然分水岭，这些具有一定规律的天然界限（分水岭）成为景观评价的单元分割的一种方式，所以依据自然汇水分区将延庆区划分成29个评价单元。相较于延庆区行政分区更加细致，例如4号景观单元包含珍珠泉乡和四海镇，18号和26号景观单元属于大庄科乡，张山营镇划分为4个景观单元。

29个景观单元与延庆区景观评价内容相对应可得各景观单元分区的评价结果：一是在生态敏感性评价方面，核心保护区集中在东北地区的1号、2号、4号、5号、7号，西部地区6号、9号以及东南边缘部分，生态较不敏感以及不敏感地区集中在延庆区中部和西南部，多为新城和老城区，如8号、14号、16号、17号、19号、21号、24号、25号等地区。二是在视觉吸收力评价方面，与生态敏感性评价趋势大致一致，高吸收力地区集中在东北地区、西部地区、东南边缘地区，如2号、5号、6号、9号等景观单元受周围环境影响较小。低吸收力地区集中在中部以及西南部地区，如13号、16号、21号、22号、24号等景观单元受周围环境影响较大。三是在景色质量评价方面，延庆区东北部和东南部属于高质量地区，如2号、4号、5号、18号、26号，而且景色质量从东北部至西南部地区逐渐降低，如西南部边缘24号属于

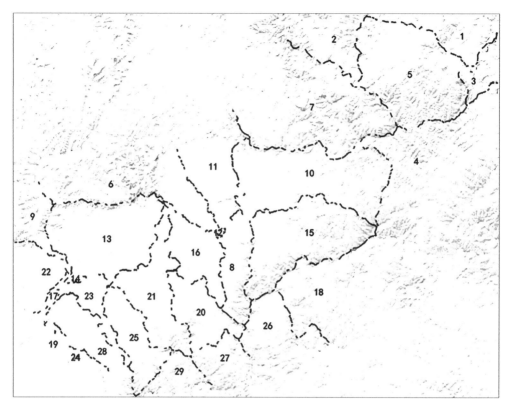

图6-4 景观资源视觉评价单元

低质量地区。本研究依据"复杂性、生动性、独特性"作为判断指标,景色质量较高的地区是指景观具有丰富性、复杂性、层次性,兼具水景优势、视野开阔、物种独特等内容。四是视觉敏感度评价方面,不同于生态敏感性的分布位置,不敏感区位于东北部与西北角,高敏感区位于中部到西部呈带状分布。

本研究结合生态敏感性评价、视觉吸收力评价、景色质量评价、视觉敏感度评价对29个单元景观进行综合判断,如图6-5所示,24、28号分区综合得分最高,分别为10.97分、10.08分,该分区范围内暂无明确景观节点分布,需进一步校核。9分以上分区为3号、8号、9号、13号、21号、23号、25号,分布在千家店镇与珍珠泉乡相接处、井庄镇与永宁镇相接处、张山营西侧、张山营与延庆镇相接处、永宁镇与大榆树镇相接处、延庆镇与康庄镇相接处等。通过观察29个景观单元综合质量评测结果可知:一是具有较高评价值的景观单元多跨越两个或三个行政区域,在以往的以行政区域规划资源开发并不具有优势,未来景观资源开发应该具有"整体观",即考虑多区域合作、多项目互动,以发挥各景观单元的联动效益;二是除个

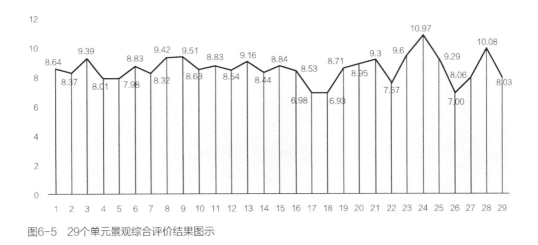

图6-5　29个单元景观综合评价结果图示

别较高数值区域以外其他各单元数值较为接近,各单元景观综合质量普遍偏高,但也反映各单元景观特点并不明显。

6.2.3　延庆区10处景观节点的评价

本研究基于以往分析过程,进一步对所选取的延庆境内具有代表性10处景观区域进行校核研究,旨在落实到具体景观节点的同时对研究结论进一步核验,其中所使用的校核指标为生态敏感性、视觉吸收力、景色质量、视觉敏感度,并进行综合评价。同时将10处景点评价值与环境值相对比,其中环境值是指该景点所在区域环境的平均值,有助于从景点与景观区域之间的关联关系方面探讨评价结果。

1. 延庆区景观评价校核区域

在对10处具有代表性景观区域的选取上以覆盖自然生态、历史文化、艺术美学评价区域,具有代表区域特征,具备景观类型各异为选取原则,最终遴选出延庆区具有代表性的10处景观,包含古迹景观、森林景观、新城景观、旧城景观、湿地景观、文化古迹景观以及乡村景观等多种类型,其中乡村类型占30%,自然景观占30%。如图6-6所示,包括古崖居、松山森林公园、延庆城区、永宁古城、野鸭湖、八达岭长城、百里画廊、珍珠泉乡、榆林堡村、双营村。

古崖居为国家3A级景点,2013年5月,被国务院列为第七批全国重点文物保护

图例
● 延庆区10处景观节点位置图示

图6-6 遴选出的10处代表性景观

单位，是华北地区规模最大古人类洞窟聚落遗址并被誉为世界级、国家级物质文化古迹，具有很高的历史考古价值，尤其是研究北方民族文化。延庆古崖居位于海坨山，在20世纪80年代，海坨山发现多处古人洞窟遗址，如一个自然村落，其中以延庆区西北的古崖居遗址规模最大，古崖居山体为沙砾花岗岩，是花岗岩风华成沙砾后再冲击堆积胶结而成。

松山森林公园为国家4A级自然景观，1986年晋升为国家级森林和野生动物类型自然保护区，成为北京市首个国家级自然保护区，以油松林和野生动物为保护对象。松山森林公园位于海坨山南麓，地处燕山山脉的军都山中，四面环山，地势北高南低，山势陡峭、峰峦连绵起伏，自然景观丰富，为野生动物提供了优越的栖息环境。该森林公园总面积46.71km²，在水源涵养、抵御风沙及空气净化等方面具有重要作用，已建成天然油松林、百瀑泉、八仙洞殿宇等30处景点。松山森林公园景观资源虽然与北京其他郊区景观相比并不突出，但景观资源开发潜力较大。

延庆城区处于延怀盆地内，妫水河穿城而过。延庆获得"全国绿化模范县""国家园林县城""国家生态县国家卫生县城""北京市可再生能源示范区"等荣誉称号，成为"全国控制农村面源污染示范区""全国生态文明建设试点县""国家水土保持生态文明县"。

永宁古城位于延庆城区东17km，明代永乐十二年（公元1414年），明成祖朱棣北巡驻跸时置永宁县，城内设有参将府、永宁卫、隆庆左卫、县衙等衙府，还有玉皇阁、鼓楼、钟楼等众多古迹，多于战乱和"文革"期间被毁。永宁镇地势东高西低，三面山区、中部为平原，海拔500~800m，新华营河流经镇域西部，白河南干渠、北干渠从镇区穿过。

野鸭湖湿地自然保护区位于延庆区西南侧，北面是燕山山脉，南面是太行山脉，东南是雄伟的八达岭长城。野鸭湖湿地自然保护区系延庆区所辖官厅水库（海拔479m）水系及妫水河下游的环湖滩涂组成的次生性湿地，野鸭湖湿地公园鱼虾丰富，水草茂盛，水鸟众多，野鸭湖湿地保护区栖息的鸟类达到241种。

八达岭作为北京八达岭—十三陵风景名胜区的重要组成部分，2007年5月8日，八达岭长城经国家旅游局正式批准为国家5A级旅游景区。八达岭长城为国家5A级保护区，距北京地区60km，位于西北通往北京的咽喉要道最高处，最高城楼（北八楼）海拔888.9m。其地势险要，是扼守京畿，守卫京城的重要关隘，素有"北门锁钥"之称。八达岭长城附近林场包含林地价值、林木价值、经济价值、森林环境资源价值和社会效益价值等资源价值。围绕"大博物馆"思路建设八达岭长城景区，建设成为一个集游览观光、文化展示、学术研究、历史和爱国主义教育等诸多功能为议题的博物馆式风景名胜区。

百里画廊是北京市首家涵盖全镇范围，实现"镇景合一"的大型国家4A级旅游景区。百里山水画廊景区位于延庆区东北部千家店镇，属延庆生态涵养区的核心区，总面积371km²，距城区40km，距市区110km。白河作为贯穿全镇的天然纽带，是北京重要水源和水源涵养保护地，林木绿化率高达85.3%。百里画廊景区包括一环三区十二个空间节点，因涉及滨河环线112华里被称为"百里山水画廊"，先后被评为全国首批国土资源科普基地、全国科普教育基地、北京市地质遗迹自然保护区、北京市文物保护单位和首都文明旅游景区。

珍珠泉乡的乡驻地在珍珠泉村，乡以驻地命名。距城区55km，辖域呈不规则四边形，总面积114km²，其中耕地面积约3.3km²，林地面积约130.4km²，是个典型的山地多、耕地少、森林覆盖率高的山区乡。全乡森林覆盖率89.44%，林木绿化率93.69%。2011年兴建了具有文化性的"珠泉喷玉"主题公园。

榆林堡村位于延庆区康庄镇西南口，距城区12km，被称为进京的西大门。榆林堡村地理位置较为重要，东望八达岭，西依康西草原，北靠野鸭湖湿地公园，南临河北怀来县。因村落历史可追溯到元代，自古就属于重要的战略要塞和驿站，于2018年入选北京首批市级传统村落名录。

双营村隶属于延庆区延庆镇，距离城区东北5km，东为下花园村，西为唐家堡村。双营村是延庆区唯一现存的原生貌古城，也是《地道战》等影片的取景地，在1993年被定为县级文物保护单位。

2. 10处景观节点生态敏感性评价与比较分析

首先对10处景点的生态敏感性进行分析比较，如图6-7所示，生态敏感性自东北向西南地区逐渐降低，东北部属于高生态敏感。从自身敏感性角度来说，松山森林公园生态敏感性最高，百里画廊、珍珠泉乡次之，而且松山森林公园所处区域环境敏感度最高，破坏后修复难度较大，生态敏感性高的地区应该重点关注。相对于松山森林公园和百里画廊景观，永宁古城与延庆城区；野鸭湖属于低生态敏感地区，在环境建设方面同时也需要重视生态价值的重要作用。

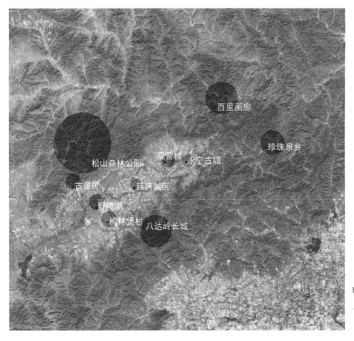

图6-7　10个景点生态敏感性评价

通过比对10个景点的生态敏感性与环境值可以看出，生态敏感性与环境值并不完全一致，而且在相似环境值背景下生态敏感性也有差异，例如百里画廊、珍珠泉乡的环境值大致一致，但其生态敏感性却低于百里画廊和珍珠泉乡；永宁古城生态敏感性较低，却具有较高环境值，永宁古城处于东部山区交通枢纽，西北15km有团山（又称独山，永宁八景之"独山月夜"）。

3. 10处景观节点视觉吸收力评价与比较分析

首先对10个景点的视觉吸收力进行分析比较。在延庆区盆地中的景点的视觉吸收力较低，周围群山间景点视觉吸收力较高。如图6-8所示，从自身视觉吸收力角度来说松山森林公园最高，百里画廊、珍珠泉乡次之。松山森林公园所处区域视觉吸收力最高，珍珠泉乡次之。延庆城区视觉吸收力较低。

通过比对10个景点的视觉吸收力与环境值可以看出，视觉吸收力与环境值并不完全一致，但在相似环境值背景下视觉吸收力大致相同。松山森林公园、延庆城区、永宁古城、野鸭湖、八达岭长城、百里画廊、珍珠泉乡的环境值都在其视觉吸收力之上。在10处景点中，松山森林公园的视觉吸收力与环境值最高。

图6-8　10个景点视觉吸收力评价

4. 10处景观节点景色质量评价与比较分析

对10个景点的景色质量进行分析比对。如图6-9所示，高质量景观分布在东北以及东南部，中部与西部多为中等景观区域。高质量景观多以生态优势为主导，伴随人工参与程度增加，景色质量也逐渐减少。低景色质量的区域多分布在新城附近以及工业园区附近。因此，通过分析可知野鸭湖景色质量最佳，八达岭长城次之；而从区域角度来看，排序与景点排名结论一致。另外，珍珠泉乡景色质量最低，环境值也最低。

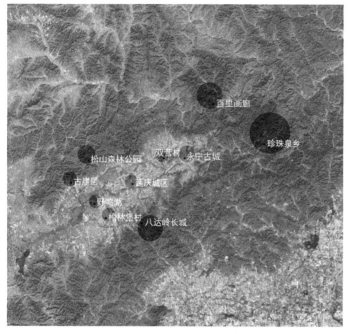

图6-9　10个景点景色质量评价

通过比对10个景点的景色质量与环境值可以看出，景色质量与环境值趋势大致相同，鉴于景色质量评价依据景观的"复杂性、生动性、独特性"所决定。景色质量与环境值之间具有较强关联，如野鸭湖景色质量与其周围环境值最高。景色质量与环境值也存在差距，例如延庆城区环境质量较高但景色质量偏低，这说明永宁古城具有环境质量优势，但目前开发与建成的景色质量并不理想。因此，在以后开发建设中应考虑景点周围环境优势，并整体构建景观资源的开发和利用。

5. 10处景观节点视觉敏感度评价与比较分析

对10个景点的视觉敏感度进行分析比对，如图6-10所示，可知松山森林公园与古崖

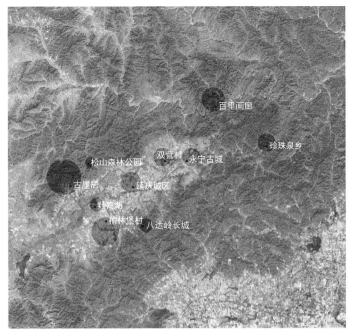

图6-10　10个景点视觉敏感度评价

居、百里画廊视觉敏感度较高，八达岭长城视觉敏感度较低。通过比对10个景点的视觉敏感度与环境值可以看出，视觉敏感度与环境值并不完全一致，甚至存在差异，例如八达岭长城环境值较高，但视觉敏感度最低；百里画廊视觉敏感度较高，但周围环境值偏低。这也反映了景点开发与周围环境之间并不协调，周围环境不能促进景点形态建设，景点资源开发也未能带动周围环境的整体建设。另外，从视觉敏感度与环境值比值来看，松山森林公园、古崖居、百里画廊的差距相对较大，野鸭湖、永宁古城基本一致。

6.2.4　景观视觉质量综合评价结果

1. 景观视觉质量综合评价

为了全面综合地反映研究区域的景观资源视觉质量，根据设计的技术路线图和景观视觉质量评价框架，以景色质量、景观视觉敏感度和景观视觉吸收力的评价结果为基础，采用因子叠加法对所有参评因子进行逐像元运算和评价，得到景观视觉质量综合评价结果。以上应用，利用空间分析模块中的栅格运算模块进行加权运算。

如图6-11所示，延庆区整体视觉质量较好，但仍存在大量偏低视觉质量地区，尤其是东南部沙塘沟、水泉沟、汉家沟一带，官厅水库与康西草原、野鸭湖一

图6-11 10个景观节点评价

带景观视觉质量也较低。在八达岭以西和以北地区景观视觉质量偏高，松山山脉附近、龙庆峡至云龙山一带景观视觉质量偏高，百里画廊附近景观资源视觉质量一般，此地区具有较高视觉质量的景观多集中在白河沿岸。

2. 10个景点综合评价结果

在各景点的综合评价结果统计分析中，由于每个点位所见的区域范围不同，点位只表示了从该样点角度出发观察到的区域质量，无法说明该区域景观质量的好坏，其评价结果表征的是样点的好坏，因此，从区域环境质量角度，野鸭湖评价最高，而节点本身角度来看，八达岭长城景观质量综合评价得分最高；综合来说，野鸭湖与周边区域景观质量差异最小，其综合景观质量最高。通过比对10个景点的综合评价与生态敏感性、景色质量、视觉吸收力、视觉敏感度评价之间的关系可知，松山森林公园在视觉吸收力、生态敏感性方面最高，但在景色质量、视觉敏感度方面并不占优势，所以在景观质量综合得分并不具有最终优势；然而野鸭湖生态敏感性与视觉敏感度方面较低，但在景色质量方面最高，景观质量综合得分偏高；八达岭长城在生态敏感性与视觉敏感度方面偏低，但在视觉吸收力、景色质量方面偏高，最终运算所得景观质量的综合得分最高。

6.3　延庆区景观生态哲学与保护——以妫水河为例①

基于前文对延庆区生态层面的质量评价，进一步以延庆区妫水河为例，借鉴深层生态学的理念，提出该区域内生态涵养及景观设计保护的实践原则。

近年来，对延庆区妫水河研究主要集中在水污染及其生态治理方面。如郭春梅在《延庆区妫水河流域生态建设实践》中提出水污染问题日益严峻，尤其是生活垃圾、污水的产生量较高；水资源短缺现象加剧，由于受妫川盆地的地形影响，妫水河流域的多年平均降水量一直比全市偏低；人为水土流失增加，尤其是由于开发建设活动引发的水土流失加剧。韩东方等在《延庆区妫水河水环境保护与治理的思考分析》中提出妫水河流域水水质差、生态状况差、水系连通性差，就此提出原因是污水处理率不高、河道周边存在生活垃圾、违建及畜牧养殖等污染源、上游清洁水源补充严重不足、水生植物残体清理不彻底、新城段水体富营养化严重、妫水河周边农业影响。

6.3.1　妫水河景观生态现状

河流是自然中与人关系最为密切的要素之一，人类许多早期文明都由重要河流所孕育。延庆景观山水要素兼备，延庆城区集中于地势平坦区域涉及山地要素不多，而妫水河流经荒野及城区，兼顾自然及人为干预因素，且围绕河道已形成了丰富的景观设计活动，如妫水森林公园、夏都公园、东湖公园、2019世界园艺博览会场地等皆以妫水为脉串联展开，因此以妫水河为例探讨深层生态学对延庆区域生态涵养及景观设计保护的相关启示。

妫水河是北京延庆区域内最为主要的一条河流，具有为城市供给水源以及区域生态涵养的重要作用，其发源于延庆东北部，域内河流总长约74.3km，河流宽度约50~250m，流域面积约1062.9km²。见表6-1，据GIS等地理信息系统相关研究表明，妫水河流域内景观生态类型以林地为主，面积即表中CA/hm²值，约324.2km²，约占流域内面积的31.5%，其次为城镇建设用地及耕地，分别为167.53km²、167.59km²。

---

① 本部分内容节选自课题组成员阶段性成果——吕帅. 深层生态学对北京延庆生态涵养区环境保护与景观设计的启示 [J]. 设计, 2019, 32（15）: 40-43.

妫水河景观指数分析

表6-1

指数	景观类别										
	疏林灌草地	林地	草地	城镇建设用地	针叶林	苗圃和果园	耕地	砂石地	菜田	草场	水域
CA/hm²	12118.25	32416.75	13112.25	16753	751.5	3264	16759	1688	4557.75	574.75	633
N_P/个	938	311	1315	1068	252	683	801	354	722	89	41
PD/(个·km⁻²)	0.9119	0.3024	1.2785	1.0383	0.245	0.664	0.7787	0.3442	0.7019	0.0865	0.0399
LPI/%	3.6407	15.5925	1.5145	6.3768	0.121	0.1376	2.8608	0.088	0.8347	0.1811	0.2503
F_N	0.14	0.05	0.2	0.16	0.04	0.10	0.13	0.05	0.11	0.01	0.006
ED/(m·hm⁻²)	20.1746	18.9403	28.7578	28.453	2.4991	8.4345	23.8773	4.3862	11.1669	1.3699	0.9586
SHAPE_MN	1.6066	1.6213	1.6321	1.621	1.436	1.4614	1.6078	1.4659	1.5311	1.5077	1.5851
FRAC_AM	1.2245	1.2658	1.2062	1.2447	1.1174	1.1112	1.2185	1.1187	1.1737	1.149	1.1781
MNN/m	188.8982	210.7752	169.2744	179.3694	438.1989	268.673	171.0784	354.7497	210.8229	652.4701	875.9198
IJI/%	65.0952	59.3215	75.1286	83.3373	52.1935	80.1124	65.4286	65.3241	59.4159	76.9777	22.6131

　　在水域景观现状调研方面，如图6-12所示，课题组选择性走访了位于中下游的妫水公园河段至中上游宝林寺河段，其中中下游两岸主要以城镇建设用地及人工林为主，尤其流经城区核心区域部分，人为干预河道明显。以主城区夏都公园及东湖公园段为代表，河流驳岸硬化显著，主要以垂直石砌和自然置石设计手法为主，公园段景观桥横跨河道，河流形态呈现截弯取直的特征，局部水生植物种植区域规整是河床硬化并分区种植的表征。而中上游部分，多天然次生林及人工林地，驳岸自然，少见河道硬化，人为干预程度相对较低，河流自然弯曲度较高。妫水河河道景观上下游因人为干预程度而呈现出迥然不同的风貌（图6-13、图6-14）。

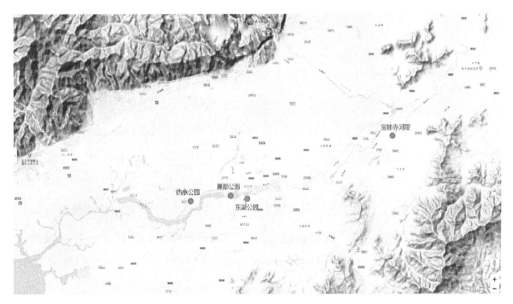

图6-12　妫水河附近走访调研选点

图6-13　夏都公园河岸硬化现状

图6-14　宝林寺河段自然驳岸

6.3.2 过度人为干预下的涵养危机

妫水河总体受人为干预程度较高，尤其是中下游流经城区建设用地河段及两岸，随着城市对观赏游憩型园林景观的重视与建设，滨河公园数量增加，随之园林绿化灌溉保育用水负担也将加重。同时，为保证公园区域内的水域观赏性与水体规模，往往采取修筑堤坝以及河床硬化、驳岸硬化等方法进行截蓄。有关研究显示，妫水河延庆的潜水埋深由1991年的6.93m下降到2003年的7.47m，在增加雨水下渗、减少地表径流的同时，潜水位的下降也减少了河流的基流补给。河流下渗功能的削弱，加剧地下水位下降与河流补给不足将形成恶性循环。

自然生态系统具有多样性和自净功能，驳岸与河床对河流生态环境具有基础构建作用。如图6-15所示，自然河流的生态系统具有整体性，河床扮演"分解者"及"生产孕育者"的作用，硬化河道将隔绝水体与土壤间的生态物质交换，打断水岸环境中的生物链完整性，破坏水流的动植物生长环境，降低生物多样性。生态环境的人为硬化容易降低河道自净功能，诱发藻类泛滥，使得水体更容易形成污染，危及妫水河生态涵养功能。

妫水河公园段的驳岸景观广泛采用中国传统园林的置石手法或者西方阶梯广场式的垂直驳岸，人为干预痕迹较重，缺少自然驳岸，边界少有自然水生植物生长。驳岸硬化的设计反映了以人的审美意志为主导而试图修饰自然边界的环境设计观念，大面积使用置石设计同样会造成河流硬化的相关问题。

图6-15 河流生态系统剖面示意图

6.3.3　基于深层生态学理论的启示

1. 深层河流伦理观——"让河流静静流"

"让河流静静流"代表了深层生态学的核心价值观念，当景观设计介入时，应谨慎克制，最小程度减少对环境的侵占，最大程度保持自然环境的原本特征。中国古代传统环境观将"天人合一"作为至高追求，将人视为自然的一部分而追求二元和谐统一，这与现代深层生态学所提倡的生态伦理具有一点意义上的一致性。因而在园林这样微缩的人居空间中，古人好以湖石假山追求高山仙池的意向，以求寄情山水。而景观设计中面对自然属性较好的真山真水时，却容易陷入设计技法的误区，将自然看为审美趣味的改造目标或者资源索取的对象。

深层生态学主张建立河流共同体意识，将人与其他动植物一样，作为其中一员，融入河流共同体概念中，协调人类社会与河流生态发展，将河流的生态安全、生态健康同人的切身利益密切关联，尊重河流价值。所谓"河流价值"，既包括了相对于人而言的经济价值、审美价值等外在价值，亦包含了河流孕育动植物生命形态、承担地球生态智能（过滤、沉降、汇流、净化）等内在存在价值。以此作为人类流域内栖居及河流景观设计与保护的环境伦理观。

2. 生态涵养及景观设计实践原则

深层生态学作为生态环境哲学，既要有统一的环境观，也要有指导生态涵养区建设及流域内景观设计与保护的实践方法与原则。因此，作者提倡以下设计实践原则：

一是设计最小干预原则：从人类群体形成与组织起，设计就涵盖了人类衣、食、住、行、闲等各方面，从改造自身生活方式到改造自然。而设计过多干预自然环境，尤其以满足人类经济建设需求为目的的行为，一旦超越了生态环境的负荷红线，就会造成生态环境恶化。

设计最小干预不等同于"不作为"，应是不逆自然，量力而为，设计实践充分尊重自然环境、河流生命，关注设计对象对整体自然的涵养功能，而非仅限于人类社会。设计前期需全面科学评估环境承载力，尊重生态系统完整性。以河流景观为例，设计应兼顾水陆生态系统关联，尊重河流自然规律，严控驳岸及河床的硬化改造。同时，警惕"亲水空间"的盲目滥用，如跨河景观桥、亲水平台、亲水栈道等，减少景观设施土建对自然生态环境的破坏，合理评估现状地形，以最小环境代价实现相关功能。

最小干预原则对于自然保护区及国家公园建设具有直接性保护价值，如三江源国家公园建设。2018年1月12日，经国务院同意，国家发展和改革委员会正式印发《三江源国家公园总体规划》，规划旨在全面保护涵养长江、黄河、澜沧江上游动植物生态环境，稳步减少国家公园区域内居住人口，严控建设开发，保障动物栖息权益，强调生态系统原真完整保护，科学把握生态系统内在规律，减少人类对自然演替规律的干预，以自然恢复为主。延庆区在京津冀区域拥有较好的生态环境基础，尤其在"长城文化带"理念推进中，需警惕过度开发，保护长城周边荒野景观，保障自然涵养功能。

二是低技术环境审美原则：当下景观设计常见形态审美与风格审美的问题。前者受现代主义图形范式影响，往往以抽象几何、钢筋混凝土等工业材料、高科技技术建造工艺为取向，将自然环境作为图形语言的附属，容易导致过度设计，无视自然；后者容易脱离环境文脉而盲目模仿西方建筑风格或生搬硬套中国传统园林风格手法，导致张冠李戴。

所谓低技术环境审美，首先不妄图永久占有自然环境场地，减少对土壤、河道的侵占，充分考虑环境设计中构筑物与工程材料的生命全周期，降低环境变迁过程中的资源浪费与环境污染。其次将环境的自然化特征纳入审美意识，落叶成肥，因地制宜，警惕特定风格范式滥用，力求景观设计与自然环境相宜。

以北京怀柔篱苑书屋为例，如图6-16所示，建筑周边存在良好的林泉环境，设计师将当地枯树枝作为建筑立面材料，建筑更好地融入自然的同时，使外表皮材料拥有了与自然同步的可持续生命周期，易收集，可降解，降低维护成本。

图6-16 篱苑书屋的生态立面

三是设计修复补偿性原则：生态涵养与景观设计还应尽力平衡生态环境健康，通过生态设计对已遭破坏或违反自然规律的建设场地进行生态性修复。平衡景观生态类型，使林地草地湿地等具有生态涵养性的生态类型面积稳步增长，科学退耕还林，优化河流上游生态环境，严格管控下游城镇建设用地的污染排放以及流域内的过度引水灌溉，软化驳岸边界，优化水生动植物环境及多样性保护。建立生态评估机制，评估人为的强干预行为对生态环境的影响，如拦水筑坝、截弯取直等工程建设行为，应慎之又慎，将生态风险控制在可平衡与可修复的范围内。通过景观设计与保护的方法已成为世界范围内修复生态环境、治理棕地环境适用的有效途径，尤其针对城市更新过程中废弃土地问题。

以西班牙巴塞罗那加拉夫地区威尔登琼恩垃圾填埋场景观修复项目为例，如图6-17所示，威尔登琼恩垃圾填埋场位于巴塞罗那加拉夫自然公园内，1974年起，该地块便成为了巴萨罗那城市垃圾的堆聚地，占地约0.85km²，由于大量城市垃圾堆积和挖山活动，导致环境污染，原始地貌破坏。2002年景观设计运用地形设计、覆土种植的方式将原有垃圾场进行表层填埋及填埋物沉降，选用当地耐干旱植物品种，引入周边林地中的豆科植物促进生态延续性，使曾经的垃圾填埋场重新融入周围环境。国内也有许多郊野垃圾填埋场的景观修复案例，如内蒙古包头台地公园、河北唐山南湖公园垃圾山景观修复等，均体现了设计修复补偿性原则。

6.3.4　基于深层生态学理论的思考

延庆区作为北京自然生态现状基础最为良好的行政区之一，因此也最为具备深层生态学的实践研究条件。在总体规划的背景下，未来将会承担重要的生态涵养职能，而以什么样的生态观念引导生态涵养区建设以及区域景观设计、环境保护则尤为重要。中国以往建设发展过程中也曾经历过过度开发、资源至上等种种环境问题。本课题组试图在深层生态学的理念下，结合北京延庆生态涵养区建设实例与景观设计保护领域，总结理论，结合实际，寻求研究着力点，探讨深层生态学理论与方法对延庆生态涵养区环境设计与保护的现实引导意义。

北京延庆区生态涵养建设对京津冀整体生态发展具有示范意义，选择怎样的生态环境哲学以及环境伦理观指导相关实践是重要的先决条件。现代深层生态学与中国古代哲学环境观以及当代"绿水青山就是金山银山"的生态文明观具有统一视

图6-17　西班牙巴塞罗那威尔登琼恩垃圾填埋场景观修复过程

角，都将人与自然的和谐统一作为高度追求，因此对深层生态学理论的研究将有助于回答"建设怎样的生态涵养区，怎样建设生态涵养区"的命题。以"河流静流"理念为重点，结合当下延庆妫水河流域存在或潜在的生态涵养危机，认为过度人为干预是造成环境生态问题的主要原因。主张以最小干预原则、低技术环境审美原则以及设计修复补偿性原则引导区域内的景观设计与环境保护，警惕过度设计、河道硬化，让河流静静流，使环境自在生。

6.4 本章小结

　　本章以延庆区景观地理与生态为研究内容，首先，基于对延庆区景观整体进行评价，进一步将延庆区划分为29个景观单元并筛选10个景观区域进行生态敏感性、视觉吸收力、景色质量、视觉敏感度以及综合评价。景观质量评价常作为保护具有高度审美质量和风景质量的区域的重要方法，景观评价应该有助于考察人类与环境之间的复杂关系。然后，从生态哲学视角，基于深层生态学思想理论对延庆区生态涵养区环境保护和景观设计的启示，现代深层生态学与中国古代哲学环境观以及当代"绿水青山就是金山银山"的生态文明观具有统一视角，都将人与自然的和谐统一、协同整体作为高度追求。

　　景观形式演变反映着人类活动发展的足迹，包含地方性的审美、文化、社会经济、生态、场所意识和历史等多种价值。景观作为一种资源，应该从衡量可持续发展的角度进行考虑，特别是景观特征或多或少地代表着自然和人类活动的维度，对于当地居民有着审美、文化、生态、社会经济和历史等多种意义。景观作为一种综合概念，应该将景观评价纳入一个更加宽广的语境中能够支持可持续发展规划。无论是从"地理生态"层面还是"生态哲学"层面、"地理空间"层面，区域地理生态的科学评价与研究并不能在"整体"上认识环境与景观，需要进一步结合文化与历史、美学与认知等方面的具体研究进行讨论分析。

7

第

7

章

延庆区景观生活
特征评价

本章是延庆区"环境整体"研究内容之一，依据前文有关延庆区景观环境建设现状与特征，展开延庆历史风貌与生活空间的分析研究。本章基于人文历史因素，立足对延庆区景观文化与历史环境、公众与生活的调研，结合对文化空间形态的思考，重点关注延庆区景观环境相关的文化历史、民居建筑与景观、公众参与等内容。本章主要分析延庆区镇、乡、村地名文化；分析军事防御背景下民居风貌以及夯土特色建筑的景观空间特征；分析珍珠泉村景观空间的整体布局、景观要素以及空间特征；通过网络数据词频分析、数据可视化和热力图方式评价景观特征；通过实地调研公共景观空间的政策落实情况，使用后评估概念，从更大时间尺度思考延庆区景观生活特征。

7.1 延庆区镇（乡）、村两级地名研究[①]

中国有着数千年的悠久历史，老百姓历来重视取名。家庭无论贫富，只要添丁，一般由德高望重的长辈取个好名字，以寄托希望。这种独特的文化现象也体现在地名上，地名承载着一个地方悠久的历史和文化记忆，是当地的一份宝贵遗产。2007年联合国第九届地名标准化会议确定地名属于非物质文化遗产，地名的研究与保护得到了各国的进一步重视。

中国所有的省（自治区、直辖市）级、市（自治州）级、县（县级市）级、镇（乡）级、村级五级行政区，都有一个独特的地名。不同地区，因其在历史上的政治、经济、社会、文化背景等不同，地名文化也有不同。本书从北京市在历史上所处的特殊战争背景角度切入，以北京市延庆区为例，研究在军事防御背景下的延庆区各镇（乡）、村行政区的地名特点，梳理其规律。

7.1.1 硝烟中的延庆

1. 延庆的防御体系

延庆，古称夏阳川，亦谓妫川。由于地处京都西北，向来是北京的北大门，历

---

① 本部分内容节选自课题组成员王映泉阶段性成果。

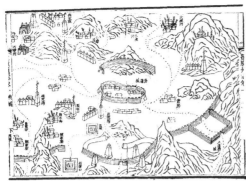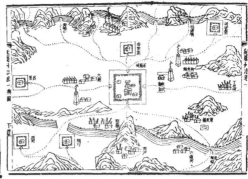

图7-1　延庆区域的军事防御体系

史上是中原、塞北两大军事集团逐鹿、交融之地。从延庆历史沿革可以看得出，从秦、汉到元、明、清时期，历代设置的州郡，其治所大多设置在延庆。此外，燕、秦、汉、晋、北齐、北周、隋、明八代长城都建在延庆，是中原与塞北之间的重要屏障。明代在延庆地区先后有隆镇卫、隆庆卫、隆庆州、延庆州的行政建制，境内城堡林立，烽燧相望。如图7-1所示，延庆是北京地区现存明代长城长度最长、形制最复杂的地区，境内长城纵横交错、修筑时间跨度长，是明代北方军事防御体系的重要组成部分。

2. 战争对延庆区的影响

由于处于特殊的地理位置，延庆历来是兵家必争之地。表7-1所示为部分战争，历史上波及延庆、具有影响的战争，从春秋时期至中华人民共和国成立前，总数在四十次以上，零星战斗不计其数。延庆处在战争旋涡中心，历次战争对延庆的整治、经济、社会、文化等造成了巨大的影响。

3. 移民对延庆的影响

由于战争造成了家破人亡和城镇基础设施的严重损毁，延庆地区的人口一直处在动态的变化中，历史上延庆人民至少有八次大迁徙或大流亡。随之而来的政权更替、移民搬迁、民族融合等，无一不在改变着当地的生活方式，进而直接影响到城镇和乡村的后续重建。延庆地区的城镇和乡村的建设便是在历次因战争引起的"建设—破坏—重建"之间循环。

明清时期，延庆地区的人口构成经历了长时期的移民集聚过程。明初，居庸关外的户籍人口大多南迁关内各地。永乐年间，明朝政府对这一区域采取重建政策，置州迁民，将各地罪囚1600余户，山东、山西、湖广等处流民约1100户陆续迁入州县以恢复人口。这次移民垦殖为明代延庆地区的营建发展奠定了重要的人力和经济基础。（资料来源：延庆博物馆）

延庆历史发生过的较大规模战争统计表　　　　表7-1

序号	时间	主要战事	对延庆的影响	
			古地名	备注
1	三皇五帝时代	阪泉之战（皇帝炎帝）	阪泉	传说
2	春秋时期	齐桓公二十三年（前663年）救燕北伐山戎	蓟城	灭令支国、孤竹国
3	公元前195年	汉高祖击燕王卢绾	上兰城	延庆张山营镇东门营
4	汉武帝元光六年（公元前129年）	卫青出直捣匈奴龙城	上谷	延庆、怀来、宣化
5	唐玄宗天宝十四年（755—763年）	安史之乱"妫川王"史朝义自杀（755—763年）	幽州	延庆遭到巨大摧残
6	后唐清泰三年（936年）	契丹救援石敬瑭祭拜唐军	晋阳	割让幽蓟十六州
7	明永乐十二年（1415年）	朱棣5次亲征（第2次驻延庆）	隆庆州	军屯、移民（山西）
8	明崇祯十七年（1644年）	清军入关	延庆州	移民（东北）

7.1.2　延庆区行政建制镇（乡）村地名考

中华人民共和国成立后，延庆先后经历了1949年、1951年、1958年、1961年、1983年、1990年、1994年、1998年、2000年、2009年10次区划调整。目前，延庆区辖11个镇、4个乡、34个社区、376个村委会。经过仔细研究发现，延庆区行政建制镇（乡）村的地名有着特殊的规律，不少地名与军事防御背景有着密切的关系。

（1）如图7-2（a）所示，在15个镇（乡）中，有张山营镇、沈家营镇、永宁镇、刘斌堡乡、香营乡5个地名直接与军事有关，正好占1/3；

（2）如图7-2（b）、表7-2所示，在376个行政村中，有123个村的村中名带有"关、营、堡、屯、坊、炮"军事性质的字眼，约占1/3；

（3）延庆镇、永宁镇两个延庆的重要城镇，都有"东关村、南关村、西关村、北关村"等行政村拱卫在周围，形成完整的防御圈层体系；

（4）延庆村落的行政建制在历史上是半军事半农业的性质，常有驻军驻留村中。

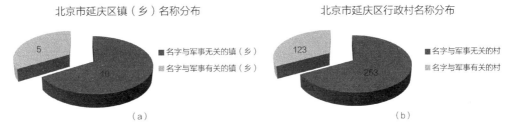

图7-2 延庆区镇（乡）村名称分布（作者绘制）

延庆区镇、村统计表　　　　　　　表7-2

序号	镇（乡）	村名		数量		
		A. 村名含"关、营、堡、屯、坊、炮"等关键字眼的村	B. 其他村	A	B	小计
1	延庆镇	22个：北关村、东关村、西关村、双营村、王泉营村、司家营村、谷家营村、小营村、石河营村、卓家营村、东五里营村、蒋家堡村、南辛堡村、祁家堡村、米家堡村、唐家堡村、广积屯村、小河屯村、付于屯村、东屯村、中屯村、西屯村	23个：民主村、解放街村等	22	23	45
2	张山营镇	17个：胡家营村、姚家营村、东门营村、下营村、西五里营村、西卓家营村、下卢凤营村、上卢凤营村、张山营村、田宋营村、辛家堡村、丁家堡村、靳家堡村、晏家堡村、小河屯村、西羊坊村、中羊坊村	15个：大庄科村、佛峪门村等	17	15	32
3	沈家营镇	10个：沈家营村、东王化营村、新合营村、曹官营村、香村营村、魏家营村、连家营村、马匹营村、西王化营村、兴安堡村	12个：冯庄村、临河村等	10	12	22
4	康庄镇	19个：刁千营村、大丰营村、大营村、火烧营村、张老营村、许家营村、刘浩营村、屯军营村、小曹营村、北曹营村、南曹营村、小丰营村、榆林堡村、郭家堡村、小北堡村、苗家堡村、王家堡村、马坊村、东官坊村	12个：一街村、二街村等	19	12	31

续表

序号	镇（乡）	村名		数量		
		A. 村名含"关、营、堡、屯、坊、炮"等关键字眼的村	B. 其他村	A	B	小计
5	八达岭镇	5个：营城子村、东曹营村、三堡村、里炮村、外炮村	10个：石峡村、帮水峪村等	5	10	15
6	永宁镇	13个：北关村、南关村、西关村、营城村、狮子营村、吴坊营村、孔化营村、新华营村、盛世营村、王家堡村、永新堡村、左所屯村、前平坊村	23个：河湾村、北沟村等	13	23	36
7	旧县镇	7个：耿家营村、常家营村、常里营村、白河堡村、米粮屯村、车坊村、东羊坊村	15个：白草洼村、三里庄村等	7	15	22
8	大榆树镇	11个：陈家营村、阜高营村、奚官营村、宗家营村、岳家营村、簸箕营村、程家营村、军营村、刘家堡村、高庙屯村、下屯村	14个：姜家台村、杨户庄村等	11	14	25
9	井庄镇	7个：艾官营村、东小营村、王木营村、房老营村、小胡家营村、王仲营村、张伍堡村	24个：三司村、二司村等	7	24	31
10	四海镇	1个：永安堡村	17个：西沟里村、西沟外村等	1	17	18
11	千家店镇	—	19个：河口村、石槽村等	0	19	19
12	珍珠泉乡	—	15个：珍珠泉村、秤沟湾村等	0	15	15
13	大庄科乡	1个：香屯村	28个：台自沟村、榆木沟村等	1	28	29
14	刘斌堡乡	3个：营盘村、营东沟村、刘斌堡村	13个：大观头村、周四沟村	3	13	16
15	香营乡	6个：香营村、新庄堡村、小堡村、里仁堡村、孟官屯村、后所屯村	14个：屈家窑村、黑峪口村等	6	14	20
合计	15	—		122	254	376

7.1.3　延庆地名文化对景观与环境设计的启示

从前面的研究可以发现，北京市延庆区所属镇（乡）、村行政区的地名蕴含了丰富的战争背景信息。随着时代的变迁，这些在战争背景下建造的村落，如今已完成其军事防御的历史使命，回归最基本的村落功能。在历史地名时有变更或消失的今天，如何挖掘和评估地名的历史和文化价值，进而进行相应的研究与保护，急需引起各地的重视。

本书以北京市延庆区为例进行的战争背景下的镇（乡）、村两级地名研究，有助于后续进一步研究该类型传统村落的规划体系、民居风貌、景观特色、历史文化价值等。对在今后的规划建设中，如何延续并传承该类型传统村落的历史文化价值、保护村落的民居与景观风貌、合理进行旅游开发有着重要的意义。

7.2　延庆区景观空间特征——以珍珠泉村为例①

村落源于人类的聚居活动，是人类利用自然和改造自然的成果，具有物质性和社会性的双重属性。村落景观空间是当地历史文化与村民日常活动的载体，因地理环境不同，村落之间展现出不同的景观空间特征。通过对北京市延庆区珍珠泉村进行实地考察，基于建筑、街巷和公共空间分析其景观空间特征，为该村景观风貌的保护与建设提供理论依据。

7.2.1　村落概况与整体布局

1. 村落概况与选址

珍珠泉村位于北京市延庆区东北部山区，隶属于珍珠泉乡，是珍珠泉村的行政村。珍珠泉村东靠秤沟湾村，西靠下花楼村，北临下水沟村，总面积约5.5km²，平均海拔高度600m，距离延庆城区约50km，现有住户285户，村民以从事农业生产为主，是珍珠泉乡人口分布较多的村落之一。该村因有泉自地下涌出，形成的水花犹如串串珍珠，故得名"珍珠泉"。

"珍珠泉"被誉为"延庆州八景"中的重要历史景点之一。珍珠泉村地理环境优越，四面环山，平均海拔高度600m，属大陆性季风气候，是温带与中温带、半

---

① 本部分内容节选自课题组成员阶段性成果——迪力旦尔·地里夏提. 北京市延庆区珍珠泉村景观空间特征分析 [J]. 建筑与文化，2019（05）：81-83.

图7-3 珍珠泉村现状照片

干旱与半湿润的过渡地带。村域内植被种类丰富茂盛，水源由北面流入，并贯穿整个村落，如图7-3所示，村庄内自然环境优美，空气清新，负阴抱阳，山多谷密，生态环境优越，风景秀丽，曾被誉为"北京最美乡村"。

根据2016年的中国"美丽乡村"的规划建设工作，珍珠泉乡有8个村入选为美丽乡村示范点，其中珍珠泉村为保留重点发展型乡村，被定位为以综合服务、民俗体验、林果种植、文物保护为功能的特色乡村。该村属于北京西北生态涵养带的重点地区，村庄内不允许有污染型或破坏生态环境的产业存在，因此，民俗旅游、绿色养殖、特色种植是珍珠泉村的三大主导产业。珍珠泉村位于北京市延庆东北部，距离城区较近，该村落交通便利、可达性强，是新时期新农村建设的重点。

村落的选址类型常以较理想的格局为目标，即以寻找山水为主要手段，基于这种山水情怀，形成"左青龙，右白虎，前朱雀，后玄武"的理想选址格局特征。村落选址关系着村民的生存与发展，因此在选址原则上通常会对用地、河流、防卫、交通等方面进行权衡，寻找一种利于生活的模式。如图7-4所示，村落的选址类型有背山环水的浅山地带、山谷中的阶梯地带、平原地带的高地等，其中以背山环水的浅山地带为较理想的村落模式，这种类型村落格局特点主要为负阴抱阳，背山面水，沿着山势呈团状或带状展开，山前河流对村落呈环抱状，与山体有机地契合在一起。珍珠泉村四面环山，位于山前开阔地带，村落东南面有弓形的菜食河穿过，整体处于山和水的共同环抱之中，选址类型与上文中提到的背山环水的村落格局相似，属较理想的村落模式。如图7-5所示，该村又因位于山前面水较开阔的一侧，其平坦之地较肥沃，利于耕种，资源丰富，地理环境优越。

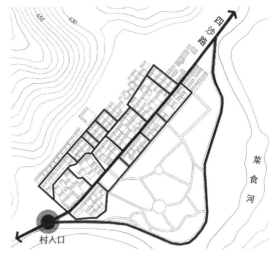

图7-4　珍珠泉村街巷分析图

2. 村落整体布局

村落空间形态取决于其所处地理环境和当地村民对村落空间的使用情况，即由自然要素与人工要素共同影响构成，形成具有地域性的空间形态特征。山区中的村落与平原地区村落形态因地形条件不同而有所差异，山中村落易受地形条件制约，其地理形态在一定程度上决定着村落的基本形态。

图7-5　珍珠泉村照片

珍珠泉乡共有15个村，沿菜食河两岸分布，其中珍珠泉村沿河流呈团状。村落大多以山体、河流、道路等为边界，其中山体为隐性边界，村落往往沿着山体走向进行建设，河流为显性边界，对村落起到天然隔绝作用。珍珠泉村背山面水，由山体与河流围合而成，界限较清晰。村落的主要出入口分别位于东北面和西南面，由一条宽8m左右的主街贯穿整个村落。此主街不仅是交通路线，同时也是该村的中心区域，是村民举办公共活动、与邻里进行交往的重要空间，具有一定的影响力和积极空间特征。村落建筑沿主街分布，宅院大多位于主街西面，紧挨着山，布局紧凑，整体呈方形。主街东面为耕地和广场，村民一般在此耕种香草和花卉，是珍珠泉村较具特色的景点之一。

7.2.2 村落景观空间的要素

1. 街巷

街巷是村落中线状空间的表现形式，联系着村落中各个功能单元与节点，不仅具有引导性作用，同时还体现着村落空间的结构特征。街巷空间根据其形状不同可分为网格形、十字形、一字鱼骨形等，串联村落内的各个宅院，但与宅院内部空间相对隔绝。

如图7-6所示，街巷是村落整体形态的限定性要素，其中主街不仅控制着村落整体布局走向，同时还影响着村落中宅院的组合方式和形态。主街与小巷尺度具有明显差异，主街一般宽敞，而小巷给人一种局促感和紧凑感。另外，街巷也是村民进行交流的重要场所，承载着村民的一些日常活动。

珍珠泉村地势呈西北面高，东南面低，建筑群落基于地形发展形成街巷。该村的街巷呈网格型，主轴线由一条自西南向东北的主街构成，宽8m左右，长约700多m，

图7-6 珍珠泉村街巷照片

承载着各方向的人流，再由主街分别向西北与东南方向发展出许多宽5m左右的小巷，以串联整个村落建筑。珍珠泉村地势存在高差，其街巷中的坡道丰富了街巷系统，使布局相对规整的村落在空间上多了一层变化。村落街巷的交叉口不仅反映着界面的围合形态，同时其类型直接体现着村落空间形态的丰富程度。街巷、宅前空间是宅院和宅院之间的衔接与过渡，珍珠泉村街巷主要采用水泥和沥青铺面，避免了雨天街巷的泥泞，该村整体街巷形态既有人工规划的痕迹，同时又有村落自然生长发展的特征。

2. 公共空间

村落的公共空间一般是指村民可以自由进出，进行日常交往和参与社会活动的场所，是村民精神寄托的关键所在，展现着村落独有的社会文化特征，如图7-7所

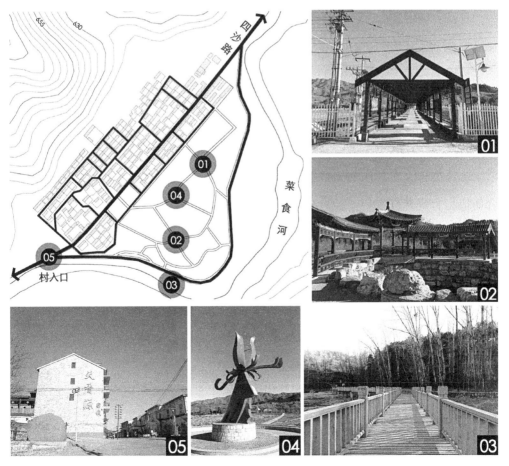

图7-7　珍珠泉村公共空间位置与照片

示，广场、寺庙、戏台等，具有明确的识别性，形态丰富，类型各异，拥有自然景观、建筑景观和人文景观，空间氛围良好，具有较高的亲和力和认同感。村落规模大小、景观空间形态、村落演变和发展在一定程度上决定着公共空间的分布与数量。

在上文中提到，珍珠泉村四面环山，位于山下的开阔地带，村落西北面为村民的生活区，东南面为生产区，该村以农业生产为主，一般在村落东南面耕种香草和花卉，是该村较具特色的景点之一；其次，珍珠泉村因有泉自地下涌出而得名，此泉位于村落东南面；菜食河是该村的另一景点，紧挨公路与耕地，自然风景优美。因此珍珠泉村公共空间主要位于村落东南面，以圆形广场为主，形成依附于当地自然风景的公共空间，展现出该村独有的景观特色。廊、雕塑、桥等是珍珠泉村公共空间的主要元素，体现着各个空间的不同功能。另外，随着村落的发展村中公共设施逐渐完善，沿主道东南面设有一些运动场地，供当地村民和游客使用。

3. 建筑

村落景观空间主要由建筑、街巷、公共空间等构成，是村民日常活动的载体。其中建筑是村落的主体，对村落景观风貌具有较大的影响作用，不仅反映着当地历史文化与人们的生活方式，同时是体现地域性特征的关键，村落建筑以住宅建筑为典型。

珍珠泉村大多数住宅为一进合院式住宅，以院落为中心，由多栋单体建筑组合而成。合院式住宅以"院"为基本构成单元，追求"择中而居"，是儒家哲学"中正"思想和"不偏不倚"的中庸之道的体现。围合四周的建筑门窗一般均朝向院落开启，构建以院落为核心的功能空间，形成典型的"内向聚合"的居住形态。但村落宅院空间布局灵活，围合形式多样，院落空间不讲求方正以及整齐划一，且形状不规则强调与自然地形和道路布置相融相通。如图7-8所示，如珍珠泉村126号为一进合院住宅，建于1988年，总面积约358m²。该住宅根据当地地形布局，坐西北朝东南方向，由四周建筑围合成一院落空间。正房位于西北面，院门与倒座房相连位于西南面，厢房和柴房分别位于东北面与东南面，整体布局小巧规整。建筑都为砖木结构，装饰简朴，屋顶为硬山顶，夏季不仅可以防雨水，还可以使室内空气上下对流以降温。围合建筑窗户均朝向内，对外封闭，成内向型空间。院落设计注重综合性的功能与空间的充分利用。当地村民以农耕为主，所

图7-8 珍珠泉村126号民居照片

以院落不仅是供主人起居和休闲的空间，同时还具有生产空间功能，如晒粮食、种蔬菜、存储等。

7.2.3 村落景观空间的特征

1. 布局规整

村落是人类较早出现的聚落单位，源于人类聚居活动，是人类利用自然和改造自然的成果，体现着人地之间关系。村落形态构成要素包括村民的生活方式、村落景观空间特征和社会结构特征等方面，其中村落景观空间特征是村落布局、建筑、街巷等物质空间的表现形式。因不同地区村落之间存在差异，形成丰富、灵活多样的村落景观。

从地理学角度看，中国是个多山的国度，依山傍水而居是世代中国人的集体记忆。珍珠泉村背山面水，以山体与河流为边界，这种类型虽属较理想的村落模式，但发展到一定程度后易受地形限制。因此该村村民有效利用当地周边地形地貌进行营建，将生活区与生产区进行合理分布，与当地环境相呼应。宅院依山自西南向东北方向而建，整体布局灵活规整，呈方形，以一层合院住宅为主，充分利用院落空间。街巷由主街分别向西北和东南方向发展出许多小巷，形成网格状，串联整个村落中的各个功能单元，展现出清晰、主次分明的村落空间结构。线状的街巷空间不仅承担着交通功能，同时还是村民参与活动、与邻里进行交流的重要空间，如珍珠泉村的主街既是商业区，还是供村民举办一些重要活动的场所。

2. 空间层次丰富

山区村落为适应山地环境，整体格局一般因山地地形高差形成高地错落关系，使村落空间具有层次美，形成独特的地域空间形态，街巷、建筑随之起伏变化，错落有序，人工环境与自然环境融为整体，呈现出富于变化的村落景观空间。

珍珠泉村四面环山，处于山和水的环抱之中。该村落虽位于山前靠近河流较开阔的一侧，但地形仍存在一定的高差，呈现出西北高、东南低的形式。当地村民根据地形高差，将村落的生活区与生产区分布在不同的高差层面，既满足村民需求，同时利用地形高差增强村落景观空间的立面视觉效果。其中，宅院依山而建，基于地形高差成垂直的层次关系，与周围的自然环境相融合并互相影响，以自然景观、建筑、街巷为主要视觉元素，构成具有视觉层次的空间环境，即山为背景，建筑为中景，街巷为前景。村落东南面区域靠近河流，地势平坦且较低，土地肥沃，适于耕地，同时还可以用作未来的发展用地。

总而言之，村落景观空间是村民使用村落的主要场所，其特征由村落布局、街巷、公共空间、建筑等构成。当地村民的生活方式与周边环境也是村落景观空间形成的重要因素。珍珠泉村位于山区，四面环山，负阴抱阳，属较理想的格局类型。村落整体布局灵活规整，生活区与生产区分布合理，同时基于地形高差形成垂直的层次关系，展现出丰富的立面视觉效果。文章通过对珍珠泉村景观空间特征的分析，可以看出该村地理环境优越，自然风景优美，资源丰富，拥有较好的自然景观与人文景观。

7.3 延庆区居民景观特征[1][2]——以双营村为例

军事防御背景下的从小尺度的居家，到中观尺度的聚落（村庄），再到大尺度的城市，人类的居住场所从一开始便具有或多或少的防御性特征。尤其在战争频繁的边境地区，城市、村镇的规划布局和建筑都要考虑军事防御的需要，形成了一种独特的规划体系和民居风貌。

---

[1] 本部分内容节选自课题组成员阶段性成果——王映泉. 军事防御背景下的延庆民居风貌研究——以北京市延庆区双营村为例 [J]. 风景名胜, 2019 (08).
[2] 本部分内容节选自课题组成员阶段性成果——王映泉. 夯土建筑的景观特征研究——以北京市延庆区为例 [J]. 设计, 2019, 32 (16): 129-131.

在特殊的军事防御背景下建造的村落，在自身的发展过程中形成了独特的民居风貌。在和平年代，如何挖掘和保护这一风貌，是一个长期的课题，有待各界人士共同研究。

延庆地处京都西北，是北京的北大门，历史上是中原、塞北两大军事集团逐鹿、交融之地。燕、秦、汉、晋、北齐、北周、隋、明八代长城都建在延庆境内的山区，是中原抵御塞北的重要屏障。尤其在明代，延庆境内更是城堡林立，烽燧相望，是典型的军事防御要地。本节以北京市延庆区双营村为例，从选址与布局、城墙与街道、理水与建筑、环境与绿化等方面对双营村的民居风貌现状作了分析，找出问题，并对症下药地提出了民居风貌整治和修复的建议。

7.3.1　双营村的民居景观概况

1. 村名的由来

双营城的历史最早可追溯到后魏，双营城当时叫下城。现在的双营城建于明初，永乐十二年（1414年）朱棣重建隆庆州。州规划设置20里，分为前后，双营是后十里之一。由于延庆区独特的战略地位，境内许多村庄的地名都与军事防御有关。双营村便是其中的一个典型，其名字由来有三种传说，一说城内曾驻两营兵马；二说原为东西两个营堡，后合筑一城；三说因山西双营村移民至此而得名。由于缺乏直接的史料，结合延庆的军事防御背景分析，作者认为前两种说法更为接近历史。

2. 选址与布局

处于战争旋涡中心的延庆多按照军事防御的需求选址建设镇村，或者依山就势筑于易守难攻之地，或者设在兵家必争的交通要道。

双营城平面呈撮箕形状的四边形，西边比东边略短，有东、西两座城门，城内两条主要街道南北平行，房屋沿街排列，整体布局较为规整。从地图上看，双营城的位置正好处于从岔道至旧县，然后至白河堡的缙山道附近。四周都是平原，无险可守，双营城就显得格外突兀，有着深远的战略意义。

双营城南北城墙长度相等，均为328.5m，东墙长249.7m，西墙长217.45m，城墙周长1124.15m（资料来源：高文瑞《延庆城堡寻踪》）。明代文献记载双营城"城高二丈四尺，周长二里七十五步"。按照明朝度量单位（一里合300步）计算，2里

图7-9 延庆区双营古城碑记

75步正好是1125m，十分吻合，充分说明古人测量的精确性与古城保存的完整性。

3. 城墙与街道

如图7-9所示，双营古城始建于明朝嘉靖时期，是华北地区现存唯一较为完好的原生态夯土结构的古城，1993年被定为县级文物保护单位。双营古城采取上小下大略微倾斜的造型，主体城墙平均厚度达5m左右，高度达到7m以上。在冷兵器时代，双营古城因其高大厚实的城墙，能够很好地阻挡敌人骑兵和步兵的冲击，具有很强的军事防御功能。如图7-10（a）、图7-10（b）所示，从遗留的残墙推断，城墙下部墙基用条石砌筑，夯土墙体表则用砖砌筑。城门已不见踪影，根据同时期城墙的构造推测，应当为厚实的木板门，至今城门洞内还存有清晰的石孔，应为旧时在城内上门栓用。

图7-10（c）、图7-10（d）、图7-10（e）所示，城内两条主要街道南北平行，连接东西城门的是一条主要街道，也叫北街或前街，可供双向车行。南街较窄，只

（a）

（b）　　　　　　　（c）　　　　　　　（d）　　　　　　　（e）

图7-10 延庆区双营村东西城门及街巷空间
（a）西城门；（b）东城门；（c）北街（主街）；（d）南街；（e）小巷

适合步行或单向车行。两条街道之间，有十多个宽窄不一的巷子连接着各户民居，既利于平时生活交流，也便于战时城内组织村民巷战。

4. 理水与民居

自古城市和村落选址，理水是第一要务。人们一贯泽水而居，人、庄稼、牲口都需要水源。实际上，双营城内原本有河水穿过，是妫水河的分支（从古城到双营引出的一条灌溉渠）。水从双营城东北角进入城里，穿过前街，又从西南角城墙流出。20世纪50、60年代，河水逐年减少，之后便干涸废弃。现在，已经被道路房屋覆盖。如图7-11所示，在城外东北角，墙上不大的入水口隐约可见。而西南角城墙外的出水口非常完好，由大块条石建成，宽高均不足1m，现在用来排泄城内的雨水，城里的人们都叫它"水阳沟"（资料来源：高文瑞《延庆城堡寻踪》）。

中国北方民居多以院落为一个基本单元，常见的有一字形、L形、三合院、四合院等。院门一般位于东侧，院门正对的通常是一堵影壁墙，起转换空间之用。中间是较大的院落，院内正北或正南向通常是三间一字形房屋，中为正屋，做客厅兼餐厅用，两侧是卧室。三合院和四合院则在东西两侧布置厢房或其他辅助用房，有控制轴线，但不一定对称。

双营城内的民居是典型的北方院落式民居，统一的单层坡屋顶建筑。如图7-12所示，外墙基本不开窗，或只开小窗，主要从院内开窗采光。一方面是为了防止北方的风沙，另一方面也是为了方位安全的需要，正如同山西、安徽民居一般。门楼多为夯土墙两坡顶，木板门。院内少有栽种树木的。

图7-11　延庆区双营村城西排水沟及出水口

图7-12　延庆区双营村民居

双营城不大，但寺庙众多。处在战争旋涡中心，村民饱受战乱之苦，祈求菩萨保佑平安也在情理之中，这从另一个侧面反映了当时战争的残酷。城内现仅存村中的三官庙，以及村西相对而立的观音庙、龙王庙（二者均是2007年村民自发捐得善款修缮而成）。全国各地建龙王庙通常与水有关，双营村的龙王庙门楹上贴着一副对联见证了当地村民求水的美好愿望：龙腾百丈潭中起，雨降九州天上来。访问村中老人得之，现在村民都是自己打井取水。

5. 夯土建筑

多数夯土城墙采用内土外砖的结构，内部是层层版筑夯实的土墙，外侧砌筑一层或几层砖，作为建筑表皮。这不仅可以增加城墙的强度提高防御能力，外观又十分整齐美观。延庆双营古城是一个村级单位的军事堡垒，最早建于明朝嘉靖年间，目前是整个华北地区保存最为完好的生土城墙。从残存的城墙及城门来分析，应当属于内土外砖的构造。

中国汉族民居多以院落为一个基本单元，常见的有一字形、L形、三合院、四合院等。通常，位于平原的民居多采用排布整齐的行列式布局。位于山区的民居，则因山就势，或单家独院，或几户集中（血缘关系为纽带），或几十户集中（地缘关系为纽带）。如图7-13所示，北京市延庆区兼顾了平原和山地两种地形，也就有了两种不同的布局方式，呈现出不同的景观形态特征。

　　（a）　　　　　　　　　　　　　　　　（b）

图7-13　延庆区双营村与前山村平面图示
（a）延庆区双营村（行列式布局）；（b）延庆区前山村（自由式布局）

6. 环境与绿化

　　双营古城因其独特的原生态土城墙结构，有较好的历史和景观价值。1993年被定为县级文物保护单位。20世纪耳熟能详的电影《地道战》《三进山城》以及新世纪的影片《桥隆飙》都在该村拍过外景。作者现场调研，已找不到《地道战》中老忠叔敲钟的那棵大榆树。如今，城墙四周边尚有一些高大的榆树。

　　双营古城处于平原地区，北靠群山。双营城内及村子周边的树木不多，这既跟北方地区的极寒天气有关，同时又是战争时期便于观察敌情、避免敌人藏匿偷袭的需要。双营村目前沿城墙周边栽种了低矮的景观化行道树，以丰富土城墙的层次。另外，在村子周围栽种了大片树林，既可防风沙，树木成林后也有丰富的景观效果。

7.3.2　双营村的民居风貌存在的问题

　　延庆376个行政村中，"北京最美的乡村获奖村庄"11个、"北京最美的乡村提名奖村庄"4个、"传统村落"5个（资料来源：延庆规划展览馆）。

　　双营村有着得天独厚的古城资源，却没上榜上述三类村庄，多少有点遗憾。双营村犹如一块遗珠，至今默默无闻，个中原因，可能比较复杂。作者在双营村调研时发现，双营村民居风貌目前存在以下主要问题：

　　一是双营村内缺乏统一的规划整治，如图7-14所示，村民新建的建筑多为2~3层，主体采用砖混或框架结构，局部还有钢结构。其造型及立面虽然看起来

图7-14　延庆区双营村杂乱的民居

图7-15　延庆区双营村土城人为破坏现象

"洋气"，但与整个古城保留下来的民居风貌格格不入，显得比较杂乱。

二是双营古城的保护令人担忧。土城历经沧桑，目前已成为整个华北地区保存最为完整的夯土城墙，但村民们似乎并未认识到古城的价值。如图7-15所示，在村里调研时看到城墙有人为破坏的迹象，而破坏者恰恰是村民自己。其中是双营村夯土民居建筑值得关注。

三是街道没有统一规划，路面是普通的水泥路，两侧建筑凌乱。如图7-16所示，街道一片萧条景象，没有一家饭馆，只有一个破败落满灰尘的小商店。

四是双营村也没有进行统一的景观设计，整个村子没有可供村民或游客休憩之地，没有必要的公共设施（公厕、垃圾站等）。

（1）传统夯土建筑的优点

传统夯土建筑历史悠久，延续千年传承至今。因其独有的优点，目前在乡建领域倍受关注。

图7-16　延庆区双营村前街

1）节能环保、防火安全。传统夯土建筑施工时，直接在当地取土即可夯筑，相对于砖混、框架等结构形式，节约了大量的能源，也避免了烧制过程中消耗能源、污染环境。夯土建筑在完成历史使命拆除以后，墙体重新捣碎又可以回归农田或再作为夯土原料，循环利用，实现可持续发展。夯土建筑的墙体厚度通常都在40cm以上，热工性能好，可以很好地减少室内外的热交换，不需要再增设保温材料，冬暖夏凉，非常适合中国北方地区的气候。此外，夯土墙属于不燃性墙体，具有很好的防火效果，有效保障了夯土建筑的防火安全。

2）就地取材、施工简单。传统夯土建筑主要是土木结构，除了必要的木材、瓦及石块以外，主要建筑材料就是夯筑墙体的生土。中国夯土建筑盛行的地区，生土资源一般都比较丰富，便于就地取材。如图7-17所示，传统的夯土工具也较为简单，主要有模板（木墙板）、挡板、箍头、夹签、夯捶、大小修墙板等，几个人便可以组成

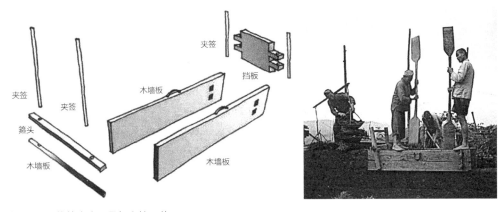

图7-17　传统夯土工具与夯筑工艺

一个施工队。由于就地取土节省了材料费，施工也比较简单，不需要专业施工队，只需支付少量的人工费，整体造价十分便宜，便于在广大农村地区推广和传承。

3）自然和谐、朴素之美。如图7-18所示，由于夯土建筑通常都是在建筑基地周围就地取土，夯筑后的墙体在材质和色彩上跟周围环境一致，就像从地里生长出来的一般，自然和谐。在当下千城一面、千村一面的大背景下，农村地区如能结合自身地域特点合理利用夯土建筑，其温润、朴素的美学特征，自然会为当地增添一种特有的景观气质，形成浓郁的乡土特色。

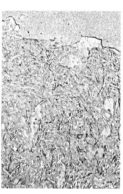

图7-18　北京市延庆区双营古城西门及双营村夯土民居肌理

（2）夯土建筑虽然在中国农村地区历史悠久，但农户新建住宅时普遍不再选用这种建筑形式。究其原因，主要是传统夯土建筑有以下几个缺点：

1）强度不高、容易开裂。传统夯土建筑采取分段夯筑的方式，墙体的整体性不好，各段墙体之间的连接处是抗震的薄弱环节。尽管夯土墙内要添加竹筋，但仍不足以抵抗地震带来的巨大破坏。由于夯土墙强度不高，通常只适合于建造低层建筑。中国中西部地区多为1～3层的夯土民居，也有极少数高度超过10m的土碉楼。而以延庆区为代表的中国北方地区，则多为1层的夯土民居。此外，夯土墙夯筑时需要土壤含有一定的湿度以方便施工，墙体干燥后，容易开裂产生许多裂缝，影响美观。裂缝较大时，还存在安全隐患。

2）防水较差、寿命缩短。夯土建筑的墙体是由生土夯实而成，由于人工夯筑很难达到很好的密实度，墙体内部存在很大的孔隙率，防水性能较差。一旦遇到暴雨天气，雨水浸泡墙体，土壤颗粒之间产生分离，从而导致墙体迅速松软失去其抵抗能力，缩短夯土建筑的使用寿命。

3）工艺简陋、表观粗糙。传统的夯土建筑多为版筑墙，将拌和好的生土直接放在木夹板之间，用人工方式逐层分段夯实而成，工艺简陋。工匠的技术以及体力等都会影响夯土墙的密实度，夹板提升的过程中，很难控制墙体垂直度。完工后的墙体往往存在倾斜、表面粗糙等问题，外观效果不理想。

夯土建筑作为一种传统的建筑形式，日渐凋零。急需研究、挖掘其价值，以便传承和发展。本书着重从景观的角度，探讨传统夯土建筑与现代新型夯土建筑的景观特征。

7.3.3 国内外民居夯土建筑经验

夯土民居多是农村匠人按照口口相传的传统技艺建造，没有专业设计，以解决功能问题为主。现在参与乡土建筑的建筑师越来越多，建筑师不仅关注功能，也注重造型、立面、色彩等景观特征。有了建筑师的专业设计，夯土建筑自然和谐的乡土景观特征，得到了很好的诠释。"专业设计"为夯土建筑带来新乡土风格。

1. "新旧结合"为夯土建筑带来新的审美意境

现代夯土建筑，已不再拘泥于夯土与砖瓦石的"标准"搭配，更多的现代建筑材料被建筑师应用在夯土建筑中。夯土与现代建筑材料相结合，会产生意想不到的景观效果。

如图7-19所示民居，王澍设计的富阳洞桥镇文村改造，让一个原本破败的村庄，焕发新生。材料依然是我们熟悉的夯土、木材、砖石、小青瓦。传统的工艺与现代设计的手法相结合，土黄、黑色、白色的搭配，形成一种熟悉而又陌生的美感。

如图7-20所示建筑是澳大利亚Luigi Rosselli Architects公司设计一组夯土住宅，230m的夯土墙蜿

图7-19 富阳洞桥镇文村民居

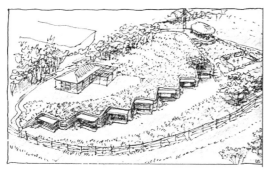

图7-20　澳大利亚覆土建筑

蜒在山丘边缘，沙丘下内含12户住宅单元。该项目荣获了2015年"澳洲建筑奖住宅分类大奖"及2016年"TERRA夯土建筑集合住宅大奖"。图右的多功能中心，兼具会议室和教堂的功能。其下部主要围护结构是厚度达到45cm的现代夯土墙，土壤采自当地，并加入附近河流中的卵石和砾石，色彩与周围环境浑然一体，融于自然，乡土风味十足。覆盖其上的古铜色钢结构屋顶与红土呼应，辅之以通透的弧形玻璃窗，又给整个建筑增加了现代气息。

2. "改良配方"为夯土建筑带来新的色彩体系

如图7-21所示，传统的夯土建筑就地取土，土料中往往只加少量砂石拌和，因而夯筑后的墙体材质和颜色跟周围环境浑然一体，乡土风味浓厚。

现代夯土建筑则会选择各种不同色彩的土壤（以当地为主但不限于当地），外加一些必要的添加剂（固化剂、防水剂等）。如图7-22所示，分层夯筑时，自由添加各色土壤，每层土壤的高度会随机变化。夯完后的墙体会呈现出丰富的色彩，在

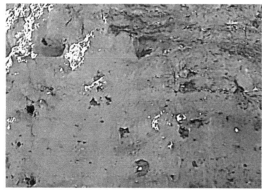

图7-21　延庆双营村传统夯土墙　　　　　图7-22　现代夯土墙

水平方向形成自由的波浪形线条，犹如一幅漂亮的色彩画或水墨画，具有很高的观赏价值。

3. "改良工具与工艺"为夯土建筑带来新的肌理效果

传统的夯土模板较短，每次只能夯筑一版土墙，效率低，易形成通缝，转角处刚度不够。由于夯筑不密实，表面坑坑洼洼，影响美观。改良后的模板，借鉴钢筋混凝土框架结构的施工方法，整层绑扎模板。施工效率得到大大提高，墙体密实，即使表面被雨水淋湿，短时间内也很难渗透到墙心，墙体的整体防水性能得到提高，表面观感更为光滑。此外，传统的夯土建筑由工匠用夯捶手工夯筑，耗费体力，又达不到密实度要求。新型夯土建筑采用电动夯捶或启动夯捶，工人上手容易，施工效率高，墙体结实。

夯筑工艺对夯土建筑的质量也很关键。夯筑时，将土壤、固化剂、水充分搅拌，控制好含水率，随拌随夯。夯点尽量均匀，不漏夯。分层交错夯筑，避免出现竖向裂缝，加强转角处的整体性。两层之间连接时，通过切面、掏槽等办法，加强两层之间的黏接。

4. "合理规划"为夯土建筑带来新的整体景观

夯土建筑建造前，一定要踏勘现场，认真观察地形地貌，结合当地气象水文等资料，科学选址。要选在地势较为平坦有排水条件的地方，避开低洼地带，避开泥石流、洪水等地质灾害点，最大限度地避免水灾对夯土建筑造成的破坏。同时，对于村落及其以上的聚落，要合理规划，结合地域特点、民族习惯、文化特色等，营造出独特的民居整体风貌，为夯土建筑带来新的整体景观。

7.3.4　双营村的民居风貌修复的建议

延庆人自古便有保护环境和景观资源的意识。1914年（民国三年）延庆乡民为反对县知事李金刚及部分乡绅出卖松山，冒着杀头的危险上演了"48村闹松山"的壮举，这才有了今天的松山自然保护区。

在古城保护领域，城市"双修"（生态修复、城市修补）得到各界人士的共识。在乡村振兴的大背景下，传统村落保护亦可按照这个思路进行。结合双营村的具体情况，建议做如下风貌整治与修复：

一是在村里成立土城保护机构，配合区文物保护部门宣传土城的价值，积极进行保护，避免进一步的人为破坏。

二是专门立项，对整个双营村进行保护规划。结合其本身军事防御的历史，适度改造现有街道及民居，还原历史原貌，使之具有自己的历史底蕴和特点。

三是对古城进行专门的抢救性保护，避免进一步的自然或人为破坏。条件成熟时，可以修旧如旧的方式恢复土城原貌。

四是配合村落保护性规划，进行专门的景观规划，打造适合北方地区、适合双营村的景观风貌。

7.3.5　启示与思考

1. 夯土建筑景观特色与启示

夯土建筑在中国有着悠久的历史，与城市里的"钢筋混凝土森林"质感不同，夯土建筑有着温润的、与环境和谐共生的质感。近些年乡土建筑得到广泛重视，现代夯土建筑得到一定程度的推广。更多的建筑师是从技术的角度进行研究，以期提高效率、节省造价。本书以景观的角度，从研究古代城墙和传统民居入手，从专业设计、新旧结合、改良配方、改良工具与工艺、合理规划等方面，梳理出现代新型夯土建筑的各种景观特征，旨在提高夯土建筑的景观效果，为延庆区及其他相似地区提供一种选择。

2. 军事防御背景下对民居风貌思考

面对空心村日渐增多、传统村落风貌不断遭到破坏、"千村一面"的新村设计等现状，深入研究古村落的历史与风貌特征，进而进行必要的整治和修复，让乡村焕发活力，留住乡愁，振兴乡村，有着普遍的社会意义。

随着时代的变迁，以北京市延庆区双营村为代表的在军事防御体系下建造的村落，如今已完成其军事防御的历史使命，回归最基本的村落功能。研究其独特的军事防御体系及设施，梳理该类型村落在选址与布局、城墙与街道、理水与建筑、环境与绿化等方面的风貌特征，对延续该类型传统村落的民居与景观风貌，有着重要的意义。

7.4　延庆区道路景观特征——以百里画廊为例①

景观的概念融合了初始自然形态，如土壤土质、地形地貌、温度气候等，以及人类过去与现在干预与改造自然的文化行为等范畴。因此，当代语境下的景观概念是动态性的。风景道（Scenic Byway）是指具有交通价值、游憩价值、人文价值、景观价值等多重价值的复合型景观道路。随着当今社会信息化的发展，特别是信息和通信的融合领域技术的发展，基于地理热力图工具等被动获取式的大数据相较于传统的静态基础性数据，具有低成本、即时、高效等优势。地理热力图能够有效地识别设备范围内的单一个体，并实时跟踪分析人群的连续活动特征，更加客观地反映人群聚集的时空特性，从而映射出固定区域范围内景观与人的互动。在风景道景观评价研究方面存在着巨大的应用前景。

7.4.1　问题的提出与数据可视化、热力图

1. 风景道

风景道（Scenic Byway）是以自然资源、旅游经济和乡土文化为核心原则的新型道路景观模式。风景道研究在欧美等国家和区域已形成了一个独立的研究领域，并在蓬勃发展中，取得了较为丰富的研究成果。1991年，美国交通部一份关于风景道的报告中曾指出："风景道的定义大致上可归结为广义和狭义两种：广义上的风景道是指兼具交通运输和景观欣赏双重功能的通道；狭义上的风景道则专指路旁或视域之内拥有审美风景的、自然的、文化的、历史的、考古学上的和（或）值得保存、修复、保护和增进的具有游憩价值的景观道路。"风景道将所在区域内的生态环境、历史文化与景观游憩有机结合，使得道路从单一交通功能向生态保护、交通游憩、景观美学等多方面复合功能的转变成为了可能。

2. 地理数据

地理数据是指相对于地球上某个点直接或间接关联的数据，是各种地理特征和

---

① 本部分内容节选自课题组成员阶段性成果——崔晨. 基于地理热力图的风景道景观评价——以北京市延庆区百里画廊为例 [J]. 文化月刊，2019.

现象间关系的符号化表示。地理数据是指表征地理环境中要素的数量、质量、分布特征及其规律的数字、文字、图像等的总和。地理数据主要包括空间位置、属性特征及时态特征三个部分。

随着当今社会信息化的发展，特别是信息和通信的融合领域技术的发展，带给区域景观评价多元、海量且庞杂的数据，如视频数据、社交网络数据、电商数据等。如今，随着个人便携式终端的普及，出行人群中手机的拥有率和使用率已达到相当高的比例，手机数字移动网络也基本实现了活动区域范围的全覆盖。因此，移动通信网络中海量的手机大数据为研究活动人群在某一区域风景道中的游憩行为特征，提供了技术选择方向以及研究工具。

3. 热力图在景观评价中的作用

热力地图，又称等值线地图（Choropleth Map），根据不同区域的位置（经纬度）数据叠加填充不同的颜色，从而实时反映各个地理区域的人群聚集程度。腾讯宜出行区域热力图是基于LBS（Location Based Service，基于位置服务）平台手机用户地理位置数据为基础，通过叠加在网络地图上的不同色块来实时描述城市或地区中人群的分布情况，最终呈现给用户不同程度的人群集聚度[①]。

理查德·马比说："景观不是静止的，它被拥有、被创造、被改变，力量有时来自自然界自身的持续变化。"当代的"景观"是人与环境关系的整体呈现与客观表征，是一种综合的概念。它不仅包含了土地呈现肌理面貌等视觉感受，而且包含了听觉、触觉、嗅觉等其他所有的感官感受；当代"景观"概念体现了人类作为使用主体，生存在整个环境中的所有感知、记忆以及感知与记忆的所有结合体。

基于手机平台实时高效的数据收集，区域热力图相较于传统的静态基础性数据，如抽样评估、问卷调查等方式，能够更好地识别出设备范围内的某一单个个体，并实时跟踪分析人群聚集活动特征。因此可以更加客观地反映人群聚集的时空特性，从而映射出固定区域范围内景观与人的互动。

---

① 腾讯区域热力图：https://heat.qq.com/heatmap.php.

7.4.2　基本原理与研究方法

1. 地理热力图的原理

热力图（Heat Map）这一词语，在计算机领域于1991年由美国程序员Cormac Kinney最早提出，其理论基础是数据矩阵中单元值二维表达，用来描绘当年实时的金融市场信息，后改进为聚类分析来表达事物的结果。第一个基于聚类分析的高分辨率彩色热力图由Leland Wilkinson于1994年开发出来，其基本原理是利用连续的颜色梯度值，对空间对象进行从中心到外延的矩阵染色，从而表达空间地理信息。

热力图有很多种不同类型，本书主要讨论的热力图为密度热力图（Density Heat Maps）。点密度热力图是通过计算空间点对象领域的栅格单元确定密度，领域栅格单元集主要通过颜色的等级（Color Gradient）、透明度（Opacity）和点的半径（Radius）3个参数来确定，形式化表达为：

$$HeatMap = \{HotPoints, ColorGradient, Opacity, Radius\} \qquad （公式7-1）$$

其中，HotPoints为热点集，由带有属性数值的空间点组成；ColorGradient为热力图的颜色渐变区间（等级、梯度），热力图可以按照设置的颜色及间隔区间值表达空间信息中的属性值；Opacity为热力图透明度数组，取值范围 [0，1]，0表示完全透明，1表示不透明；Radius为热力图中一个空间热点的半径。

2. 研究方法

本书通过数据获取与数据格式转换等预处理过程将数据网格化，将点状定位数据通过空间拓扑关系分析转换为面状数据。如图7-23所示，以北京延庆区百里画廊为例，对人群聚集度与聚集位置在连续一周中进行考察和分析，进而基于地理热力图深度挖掘百里画廊风景道人群的时空分布特征，对百里画廊风景道进行景观评价。

7.4.3　延庆百里画廊风景道景观评价

1. 研究范围

本书将北京延庆区百里画廊作为研究对象。如图7-24所示，选取腾讯地图地理经度（Longitude）116.150～116.480范围，纬度（Latitude）40.610～40.820范围。每个网格的大小设定为1/4000经纬度，转化为矢量数据为30×30（27.75m）的网格。同

图7-23 百里画廊资源分布图

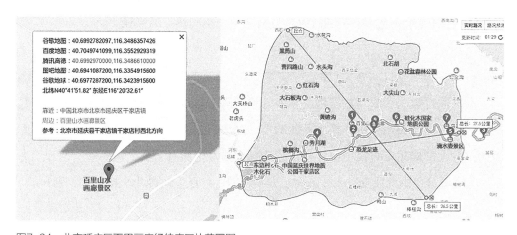

图7-24 北京延庆区百里画廊经纬度区块范围图

一条经线上，纬度相差1°，距离相差111km。同一条纬线上，经度相差1°，距离相差111km×cos纬度数。选定区块网格范围为900×900（约等于25km×25km）。处理后共计获得规则网格69300（900×77）个，其中包含定位次数为0的网格。

2. 研究对象选定依据

北京延庆区百里画廊属延庆生态涵养区的核心区，位于延庆区东北部的千家店镇，距城区40km，距市区110km，总面积371km²。2010年9月17日，经国家旅游局和全国旅游景区质量等级评定委员会批准，百里画廊成为北京市首家涵盖全镇范围，实现"镇景合一"的大型国家4A级旅游景区[①]。

千家店镇自古便是京北山水重镇，历史悠久，有着深厚的文化底蕴。白河作为贯穿全镇的天然纽带，两岸生态景观丰富且优良。景区包括一环三区十二个空间节点，林木绿化率高达85.3%，地质结构独特，百里画廊以千家店硅化木国家地质公园为平台，以112华里滨河路为主线，通过风景道建设，将千家店镇的历史人文资源和生态景观资源进行综合整合，建设成了一条既传承历史文化，又具有优良自然景观的景观道，并通过旅游业的发展带动千家店镇乡村的整体发展。因此百里画廊具备风景道的基本特征。

3. 数据选择

如图7-25、图7-26所示，对2018年12月9日至2018年12月16日连续一周期间延庆百里画廊区域范围内的腾讯宜出行区域热力图进行跟踪，并利用自编Python程序（代码1）对热力图数据进行无人值守定时截取，自动解密经纬度数据并转化为WGS84坐标，自动还原Count值。截取时间区间为北京时间9：00至18：00，截取

```
    "Referer": "http://c.easygo.qq.com/eg_toc/map.html?origin=csfw"
}
url = "http://c.easygo.qq.com/api/egc/heatmapdata"
while True:
    try:
        r = requests.get(url, headers=user_header, cookies=user_cookie, params=|
        print(r.status_code)
        if r.status_code == 200:
            return r.json()
    except Exception as e:
        print(e.args)

def grid_to_ll(grid):
    return {
        'lng': 1e-6 * (250.0 * grid['grid_x'] + 125.0),
        'lat': 1e-6 * (250.0 * grid['grid_y'] + 125.0),
    }
```

图7-25　代码1 热力图无人值守定时截取部分代码

---

① 延庆百里画廊: https://baike.baidu.com/item/延庆百里画廊/2428991?fr=aladdin.

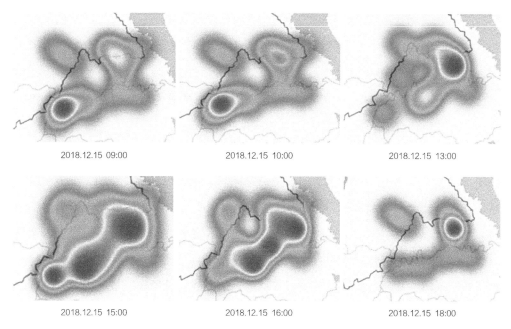

2018.12.15 09:00   2018.12.15 10:00   2018.12.15 13:00

2018.12.15 15:00   2018.12.15 16:00   2018.12.15 18:00

图7-26　部分热力图截图（2018年12月15日，星期六）

时间间隔为1h，总计截取热力图70张，以此作为本书的基础数据。

4. 数据转换赋值与数据分析

百里画廊区域高热区作为在某一固定时刻密度最高的区域，在一定程度上也是测度区域风景道景观节点中重要的一项标准。为了进一步发现人群在延庆百里画廊中的流向以及时空分布特征，需要对高热地区的地理位置进行分布考察。如图7-27所示，根据研究需要，对截取的图像数据进项矢量化处理以及地理坐标投影，将区域热力图中高热地区与百里画廊资源分布图进行图像叠加，可以得出如下几处高热节点：①白河堡水库节点；②干沟节点；③恐龙足迹化石遗迹；④镇区节点；⑤滴水壶节点。

根据2018年12月9日至2018年12月16日延庆区百里画廊地理热力图结合现场实地考察可以得出如下分析结果：

（1）聚集点位

如表7-3所示，高热区热力点呈现出较为分散的聚合方式，集聚面积小，并主要集中在建有路标方位等信息系统明确、停车场、餐饮服务中心、公共厕所、灯光照明等公共空间景观设施完善的区域。

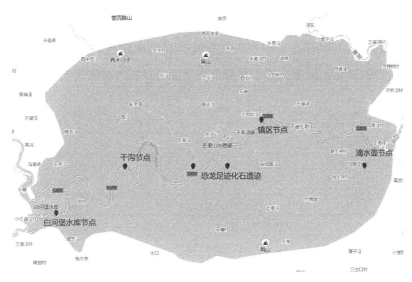

图7-27 百里画廊高热节点图

公共空间景观设施分布表 表7-3

类别	具体内容	白河堡水库节点	干沟节点	恐龙足迹化石遗迹	镇区节点	滴水壶节点
信息系统	指路牌、方位图、信息栏等	√	√	√	√	√
卫生系统	公共卫生间、垃圾箱、洗手器等	√	√	√	√	√
休憩系统	住宿、餐饮、配套休憩服务设施等		√		√	√
交通系统	停车场		√	√	√	√
照明系统	照明灯具等	√	√	√	√	√

（2）空间特征

高热聚合区域在空间范围内变化很快，游客出行多以汽车自驾方式在各景观节点间快速通行，停留时间较短。百里画廊现有主干道路面质量良好，主要为柏油马路，并有少量平整的土质小路。由于受冬季气温较低等影响，大部分游客会选择在车上拍照或短暂的下车停留，而取代步行或骑行体验，风景道体验以自驾视角观景为主。但百里画廊景观道对自驾出行视角的观景特征在设计过程中欠缺思考，沿途景观多为小型乔木或乔灌木搭配，几乎没有车辆观景停靠平台，冬季景观更为单调，景观变化较弱，容易引起驾驶者驾驶疲劳。如图7-28所示，在区域热力图上显示出高热聚合区空间范围变化快，并且高聚合的特点。

（3）时间足迹

如图7-29、图7-30所示，根据对北京延庆百里画廊区域热力图遥感数据进行
表格式矢量数据转化，周末人群聚集程度高于工作日，人群聚集的峰值出现在周六

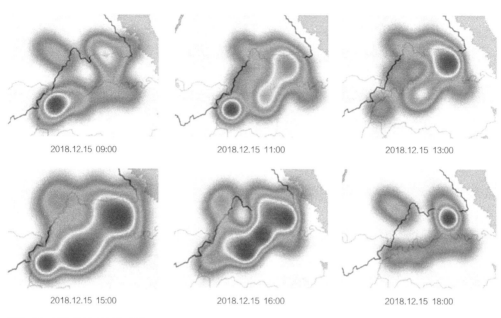

2018.12.15 09:00   2018.12.15 11:00   2018.12.15 13:00

2018.12.15 15:00   2018.12.15 16:00   2018.12.15 18:00

图7-28 百里画廊区域热力图

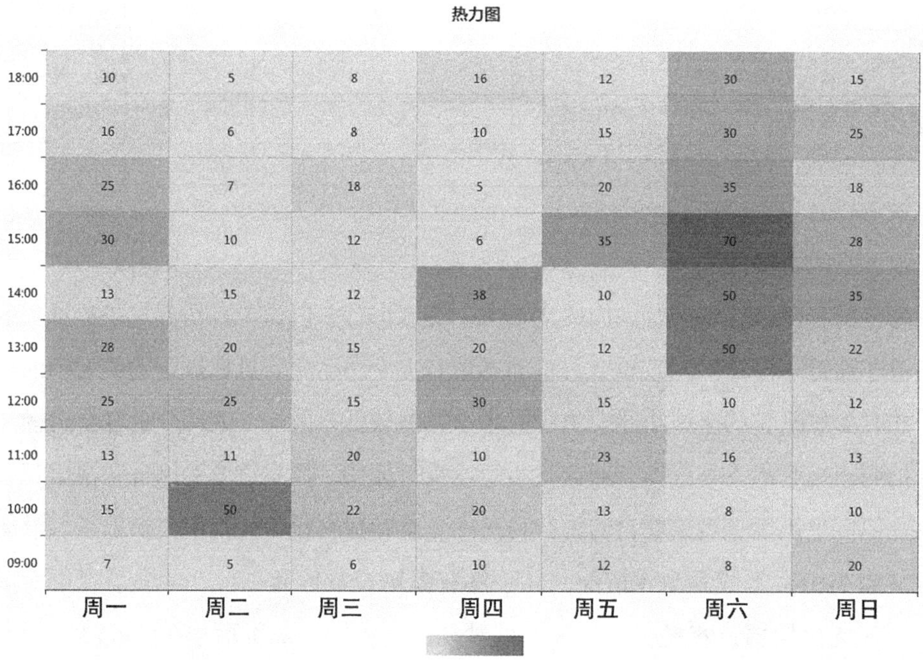

热力图

	周一	周二	周三	周四	周五	周六	周日
18:00	10	5	8	16	12	30	15
17:00	16	6	8	10	15	30	25
16:00	25	7	18	5	20	35	18
15:00	30	10	12	6	35	70	28
14:00	13	15	12	38	10	50	35
13:00	28	20	15	20	12	50	22
12:00	25	25	15	30	15	10	12
11:00	13	11	20	10	23	16	13
10:00	15	50	22	20	13	8	10
09:00	7	5	6	10	12	8	20

图7-29 表格式矢量数据热力图

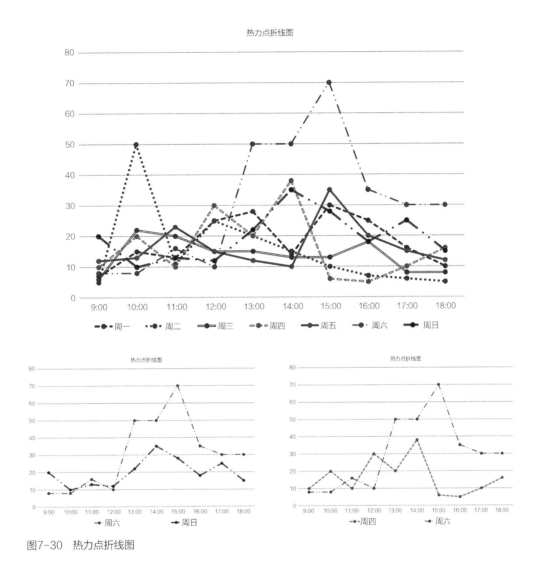

图7-30　热力点折线图

午后15：00，人群维持聚集时间较长，周末数据（周六与周日）对比可得知，周六人群峰值聚集时间为午后15：00，周日人群聚集峰值时间为午后14：00，周日较周六更为提前。工作日与周末数据（周四与周六）对比可得知，周四人群峰值聚集时间为午后14：00，周六人群峰值聚集时间为午后15：00，周四较周六更为提前。

7.4.4　百里画廊风景道景观规划设计建议

1. 增加风景道沿途景观节点，提升整体观景体验

百里画廊现有景观节点多呈散点式自然分布，并且几乎没有观景景观平台或地

标性目标节点。风景道景观特色不突出，地标性与到达感不强。因此，建议在风景道中增加和强化目标景观节点，增强景观节点的地标性与到达感。例如，在百里画廊风景道中景色优美路段或自然村落处设置易停车观景的观景平台并配合明确的景观节点导视系统，可采用外延式观景台，使得观景平台"观景即景观"。

2. 完善游客中心信息解说设施设计，凸显风景道的生态价值

经过多次现场调研，百里画廊风景道各景观节点游客中心设施尚不完善，信息解说设施不完备，景观节点解说牌、路况导向指示牌、警示信息牌等各类信息解说牌都比较缺乏，空间使用者对百里画廊的整体景观感知较差，并缺乏对各景观节点的深入认知。风景道节点信息解说设施是对景观特色和当地区域文化内涵的补充，因此，建议采用传统解说牌配合手机APP、微信公众账号推文等新型解说模式，增加百里画廊风景道景观特色、生态植被信息、当地村落文化与民风民俗等信息的信息解说牌，增加游客对景观节点的深入记忆与认知，增强景观节点与游客间的反馈与互动。

3. 有机结合风景道景观与景观服务设施，打造具有设施功能的景观空间

风景道景观服务设施选址首先应综合考虑风景道沿途的地形地势、气候状况与客流需求，并结合各景观节点的景观特色与区域位置，选择交通流量大、客流量集中、景观视域佳的位置；其次，百里画廊风景道景观服务设施应兼顾地形地貌、使用习惯与技术手段等方面的因素，服务设施与周围环境协调统一，且满足人的基本需求；最后，景观设施应着重强调功能性，以人为本，服务为本，从设施细节入手并在此基础上进行艺术化的设计。

4. 保护传统民居文化，创立本土特色旅游品牌

百里画廊公共景观服务设施的设计风格首先要符合延庆区的总体规划风格和区域定位；其次，要在此基础上根据当地自然环境与人文背景，最大程度地尊重原有自然和历史风貌，突显当地文化，重视人文景观，并结合当地文化打造地方特色，营造便捷、舒适、休闲的旅游环境，构建极具魅力和高品位的风景道旅游产品，创立本土特色旅游品牌。

7.4.5　新数据文化背景下对景观与环境研究的启示

当代语境下的景观不是静止的，是人与环境关系持续变化下的整体呈现与客观表征。景观的概念总括了人类视域的所有存在，是人类赖以生存和发展的基础。当代景观具有重要的社会价值、经济价值与美学价值，并且记录了人类改造自然的历史，为环境管理提供历史视角。随着大数据时代的到来，许多被动获取式的大数据由于其低成本、即时、高效等显著优势，在当代景观研究方面存在着巨大的应用前景。

腾讯宜出行区域热力图所代表的基于地理位置的大数据为景观评价提供了前所未有的全新视角，使得我们能够用细分到小时甚至分钟的动态视角来看到区域范围内风景道中的人群活动和景观设施被使用的情况。在这一视角下我们可以看到延庆百里画廊景区的人群集聚点位和聚集度在一周、一天甚至更短的周期内如何变化，不同位置、不同功能的景观设施在什么时候的使用强度最高等。这些信息更加客观地反映了人群聚集的时空特性，从而映射出固定区域范围内景观与人的互动。热力图数据在经过适当的挖掘和处理后能够为风景道景观评价提供更为动态的视角和方法。

本书尝试运用地理热力图进行风景道景观评价的尝试和探索，尽管在研究方法和大数据的处理上尚有诸多不成熟之处，却也在一定程度上看到了基于地理位置的大数据给我们带来的海量、动态、前所未有的信息。风景道景观评价理论和实践工作在中国都处于起步阶段，风景道评价体系研究较为薄弱。基于地理热力图工具所提供的动态大数据，可以在一定程度上利用实时海量的数据建立基于空间流动性的风景道景观评价方法，进而为风景道景观的设计与研究提供数据依据和方法基础。

7.5　延庆区公共景观特征——以夏都公园为例①

从20世纪60年代开始，环境可持续发展问题一直都是人们关注的热点话题。从景观环境政策层面，《美国环境法案》、《欧洲景观公约》、建设美丽中国等策略，

---

① 本部分内容节选自课题组成员阶段性成果——Zhang Yuanyuan. Study on the Landscape Policy and Usage Situation : A Case of Xiadu Park in Yanqing County, Beijing. The Lens World Distributed Conference, 2019（04）.

构建公众与自然健康、和谐、可持续关系是全球景观环境营建的最终目的。而从景观政策落实及使用层面，景观政策是否切实普惠公众了呢？从景观政策制定到政策实施是否已完成全部过程？景观政策制定到目标实现到底有多远的距离？使用后评估是景观建设的重要环节，使用后评估研究有助于分析公共景观特征。

7.5.1 公共景观空间及其使用后评估

夏都公园：延庆区是由延庆区妫水河上游挖湖建造而成，公园总占地2.3km²，其中水面积约占28.6%。夏都公园以建设延庆综合生态保护区为目标，以创建自然人文景观为主要内容，园内建设有主题雕塑公园、音乐公园、高尔夫练习场等休闲娱乐功能区。2016年7月首都绿化委员会办公室授予夏都公园"生态文明宣传教育基地"称号。

景观使用后评估：指对建成后并被使用一段时间后的景观进行系统而科学的评估过程，本书中的景观建成后评估主要侧重于发现景观对人产生的积极影响。项目后评估（Postoccupancy Evaluation，POE）起源于20世纪60年代的苏格兰和美国，普赖泽尔（Preiser）认为后评估是对建成并被使用后的建筑进行系统科学的评估过程。景观设计项目不仅需要"前预测"，也需要将这种后评估理念纳入项目的全建设周期中。

本书主要论证景观政策与景观实际使用情况之间的关系，从政府景观政策宣传角度为起点，以北京延庆区夏都公园为例，采集政策及公众反馈数据，结合实际调研数据并进行比较分析研究，提出景观政策落实及使用情况是实现景观环境可持续开发利用的重要一环。

7.5.2 景观使用后评估研究现状

与景观评价相比，景观使用后评估未得到足够重视。通过在Google Books Ngram Viewer的英文语料库中输入主题词"Postoccupancy Evaluation，landscape assessment"，如图7-31所示，20世纪70年代初景观评价与后评估几乎同时出现，但景观评价关注度增长较快，景观评价被认为是制定土地利用与管理策略的重要依据。20世纪70年代的西方国家已经构建了相对成熟的景观指标体系。后评估起初应用于建筑领域，目的是系统评估并改善建筑质量。使用后评估缓慢发展，学

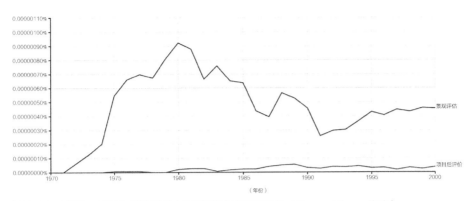

图7-31　1970—2008年谷歌图书中景观评估与项目后评估（Ngram Viewer生成）

者们普遍认为评估过程的耗费人力、物力、财力和时间等因素阻碍了景观建成后
评估的发展。国外的景观建成后评估常常与景观绩效（Landscape Performance）相
联系，景观绩效更强调度量景观环境的社会经济效益程度，2014年美国风景园林
基金会（LAF）提出虽然在设计与施工阶段会考虑环境、社会和经济性能，但大
多数项目仍缺乏有效的使用后评估机制监测和观察方法，应积极发掘景观设计使
用后评估的重要价值。2010年以来LAF开展了案例研究调研计划CSI（Case Study
Investigation）以支持景观评价项目。安德鲁·洛（Andrew Louw）通过收集众包数
据进行景观使用后评估的研究，从而降低调研成本比传统调研方法更客观。

　　在国内知网数据库中，依据"建成后评估或使用后评估"主题词检索到677篇
研究论文。在数据库中输入"景观建成后（或使用后）评估、公园建成后（或使用
后）评估"四个主题词，搜索并筛选后共有71项论文。如图7-32所示，有关景观领
域的使用后评估论文只占不到10%的比例，如图7-33所示景观使用后评估主要研究
公园园林、校园景观、绿地景观、居住小区、广场景观、风景区、步行街七种景观
类型，较多关注对公园园林和校园景观使用情况的评估。2007年赵东汉从POE实施
经费、公众参与、评价技术等方面探讨了POE在中国面临的障碍，提出发挥政府投
资、鼓励地产商参与、完善项目回访制度方面的可行性途径。2009年应君等从设计
程序、设计质量、政府职能和公众参与等方面论述了使用后评估对中国园林设计的
重要意义，并提出访谈、问卷、行为观察和认知地图等方法。2016年郝新华等认为
传统POE调研难以大范围、持续检测的效果，采用文本和LBS多源数据对奥林匹克
公园南园使用情况及人群满意度进行评估。2018年刘海龙在清华大学胜因院使用后
评估研究中，提出景观改造后评估不仅检测生物多样性还应观察人群学习、认知、

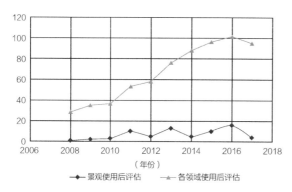

图7-32 2008~2017年国内景观使用后评估与使用后评估发展趋势

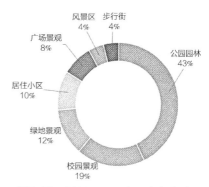

图7-33 2008—2017年国内各类型景观使用后评估比例

调查、聚会等使用活动情况，项目的后评估有助于推动风景园相关学科向可持续、可量化、可循证的科学方向发展。

7.5.3 综合数据分析方法

本书基于之前对延庆区景观研究成果，以广泛受到关注的夏都公园为例，从公园营建中公众反馈与政府策略视角，通过对网络数据与实地调研信息比对分析，探究夏都公园使用情况，如表7-4所示，具体研究方法分为网络数据分析、实地数据分析、综合数据分析三个阶段：

第一阶段包含延庆区景观活动以及夏都公园景观活动的网络数据。延庆区景观活动数据是从政府官网和微博发布信息中，采集延庆区宣传部官方微博，以政府微博关注度为初始研究对象，统计归纳延庆区宣传部门主要景观活动类型；延庆夏都公园数据包含两部分内容，一是政府举办的与景观相关的活动，二是公众微博对其景观政策的反馈情况，并筛选归纳出园区主要活动。

夏都公园使用后评估内容 表7-4

目标层	准则层	指标层	
延庆区夏都公园景观使用后评估	网络数据分析	城区范围微博信息以及夏都公园开展的园区活动	延庆区市民微博中反映的夏都公园内活动
	实地数据分析	公园管理部门园区管理公园内基础设施及使用	延庆区市民对园区态度 延庆区市民在园区内活动类型
	综合数据分析	比较网络数据与实际反馈信息之间的关系	

第二阶段是基于网络数据分析结果，进一步进行实地调研公众使用及公园管理，以找到景观政策制定实施后的实际使用过程中存在的问题。

第三阶段是将第一、二阶段与第三阶段调研内容整合比对，主要研究公园景观营建与公众反馈情况之间的关系，如网络数据与实际调研信息之间是否存在偏差？网络数据与实际调研信息是否存在共同关注的问题？

7.5.4 综合数据分析过程

1. 阶段一：网络数据中园区活动

（1）官方网络数据中延庆区及夏都公园园区活动

通过采集延庆宣传部2018年6月至2019年3月发布景观环境类宣传活动原创微博共631条，删选其中包含微博主题、关键内容、点赞数、转发数、评论数等数据信息。本书将点赞数、转发数及评论数综合考虑作为社会关注度的主要影响因素，并以微博发布所得到的社会关注度为主要观察对象，根据统计排序结果可确定被35人关注以上共27条微博内容。经筛选后可归纳延庆区景观类活动包含旅游运营及宣传、产业发展类、历史文化类活动。

以延庆区夏都公园为例，采集政府举办的与景观相关的活动。从延庆区政府官网2013～2018年新闻报道中，搜集政府部门在夏都公园所开展的活动，经筛选后共44项园区活动，主要涵盖环保绿化、体育健身、市民生活、端午文化及人口文化五个类别。如图7-34所示，夏都公园多重视环保绿化，多关注休闲娱乐类活动，较少安排人文艺术类体验活动；如图7-35所示，夏都公园环保绿化活动也是近几年较重视的内容，其次是马拉松、健步走、龙舟比赛等体育健身活动。

（2）市民网络数据中夏都公园园区活动

采集公众微博对其景观政策的反馈情况。鉴于大众点评和美团等有关夏都公园的点评数据样本较少，本书选择使用微博文本数据，通过采集延庆区市民和媒体微博的文本信息，整理并筛选冗余数据后共578条微博，使用可视化工具生成词云图。如图7-36所示，词云图显示的高频词有公园、垂钓、莲花和遮阳伞等，这多与莲花湖水面有关，市民多倾向在园区内莲花湖畔垂钓，以及马拉松、健步走、龙舟赛等体育活动。

图7-34　2013—2018年夏都公园组织各类活动频数

图7-35　2013—2018年夏都公园每年组织活动

图7-36　市民微博文本信息词频前100词云图

2. 阶段二：实地调研中夏都公园园区活动

（1）公园管理部门园区工作情况

在实地观察中，公园北入口为主入口，园区内除游览图和指示标语外，如图7-37所示，设置森林康养和植物信息的标识栏。在园区西侧建设园艺驿站，主要接待市民绿植体验活动。从公园管理处工作人员介绍的《2018年夏都公园工作总结》中，重点强调把园林绿化作为提升城区文明程度的重要举措，如排雨水管道、河道清理、补绿增绿行动、病虫害防治以及增设宣传栏等工程项目。2018年所举办的公共文化活动有：端午节文化节、园艺博览会倒计时活动、冰上娱乐项目。2019年重点关注环境整治、景观改造和完善基础设施工作。

图7-37　夏都公园入口及标识信息栏

图7-38　延庆市民冬季在夏都公园冬季使用方式

（2）市民反馈园区活动情况

　　此次实地调研时间为冬季周末，经观察延庆市民活动轨迹主要从北入口、西入口，沿西湖北岸、东岸附近游赏，如图7-38所示，以冰面娱乐活动为主，或围绕湖面沿岸观望、散步、摄影、停歇以及会友。在随机采访市民中，关于来园区活动内容：来园区老中青年人多以散步和会友为主，或陪同孩子参与溜冰等冰面活动、鲜有周围市民来园区北入口附近停歇、驻足、观望，较少有摄影拍照。关于来园区活动时间：中老年人使用频率最多，冬季活动时间集中在下午两三点钟，夏季会增加晚饭后来园区活动；小学生、初中生会选择周末；大学生在寒暑假会来园区活动；关于对园区的评价：小学生对园区内娱乐设施及娱乐活动更感兴趣；老年人对园区持积极态度，期待增加文艺类活动；中年人对园区使用收费问题更感兴趣；青年人期待园区内增加会友空间。

另外，在《雕塑园记》中记载为提高城市文化，于2001年创建国际雕塑艺术公园。采访中的市民对雕塑作品并未有浓厚的热情，且部分雕塑作品造型尖锐、需注意防护措施。通过在微博中搜索夏都公园雕塑作品的图像信息，如图7-39（c）所示，市民未重视雕塑作品而是将其作为"健身设施"。

（a）　　　　　　　（b）　　　　　　　　　　　（c）

图7-39　夏都公园园区内雕塑

3. 阶段三：网络数据与实地反馈信息综合分析

从阶段一延庆区景观活动网络数据中，我们可知延庆区整体景观开发利用类型较单一，政府未充分发挥景观潜在价值，应从整体角度考虑景观营建及景观体验活动；延庆夏都公园园区活动中，与人文精神体验相关的园区活动并未得到足够重视；市民多倾向在园区内莲花湖畔垂钓，以及马拉松、健步走、龙舟赛等体育活动。

从阶段二夏都公园实地调研中，我们可知园区为市民开展的冰上娱乐项目广受欢迎，冬季市民的园区活动集中在西湖附近，尤以园区西湖的东北方向，其活动轨迹也以北入口西至小广场、南至南入口为主，而东湖区游人少。

如图7-40所示，通过对比延庆区及夏都公园景观活动的网络数据与实地调研信息，可以发现网络数据与实地信息基本一致。此外，两个阶段的调研内容所共同

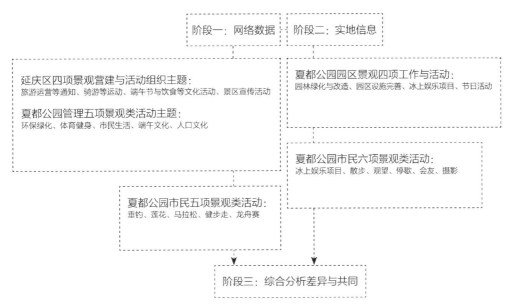

图7-40　研究框架图示

关注的问题是：延庆区景观营建与活动组织聚焦于在旅游运营管理，倾向于组织骑游类体育运动项目；夏都公园园区景观管理聚焦于环保绿化与改造工作，倾向于组织体育娱乐项目；延庆市民在园区内主要偏好于休闲娱乐及体育活动。

7.5.5　讨论与分析

　　目前夏都公园主要为延庆市民提供休闲娱乐活动和体育运动的场所。公园景观是市民生活重要的组成部分，休闲娱乐活动并不是公园景观的全部内容，而丰富的人文艺术活动为市民提供修身养性的影响价值，同时公园景观也是城市精神文明风貌的重要体现。夏都公园地理位置优越，有良好的自然生态环境为依托，如增加园区内节日活动，并丰富活动的文化内容，使自然生态优势与人文艺术活动相结合，充分发挥公园景观的社会影响价值。

　　公园景观营建具有丰富的功能价值，自然与环境教育也是公园所承担的功能。在现有基础设施之上，将人与自然关系、自然与环境知识等纳入公园景观营建中。在园区定期举办人与自然、景观康养、森林等相关的体验活动，以充分利用城区公园的作用，并为创建森林城市发挥更积极的作用。可在标识栏附近，可选择下午三点至四点之间采用语音形式播送信息栏知识，以提高信息栏利用效率。

图7-41 景观建成后对公众的影响意义

景观设计是构建和谐人居环境的重要部分，是实现人与自然和谐相处的关键环节。人本身具有亲自然性以及对自然生命系统的热爱，这种亲自然性又依赖于人与自然的"稳态"关系。人应合理开发改造自然并保护自然，秉持对自然的敬畏感；自然提供给人生命所需的能量，助益人的健康和获得幸福感，体悟修身养性的价值观。因此，如图7-41所示，夏都公园景观的社会影响价值有：是否有助于公众健康；是否有助于增进公众交流；是否开展人文艺术活动；是否宣传积极美好生活活动；是否进行环保教育活动等内容。

7.5.6　启示与思考

从20世纪60年代开始，环境可持续发展问题一直都是人们关注的热点话题。从景观环境政策层面，《美国环境法案》《欧洲景观公约》、建设美丽中国等策略，构建公众与自然健康、和谐、可持续关系是全球景观环境营建的最终目的。而从景观政策落实及使用层面，景观政策是否切实普惠公众了呢？从景观政策制定到政策实施是否已完成全部过程？使用后评估是实现可持续景观的重要环节。本书主要论证景观营建与公众实际使用情况之间的关系，以延庆区夏都公园为例，从政府景观政策宣传角度为起点，采集政策及公众反馈数据，结合实际调研数据并进行比较分析研究。

从延庆区夏都公园景观环境政策及公众反馈情况，应坚持从景观政策制定与设计、景观策略实施、景观使用情况评测，并最终回归景观政策修订的闭环，在这一过程中应充分发挥科学家、设计师、艺术家、环境保护组织、公众等各方面力量。以实现景观可持续利用、真正普惠公众的最终目的。另外，延庆夏都公园基于自然生态优势可开展一系列人文艺术体验活动，以期提高公众修身养性的价值观。结合对人与自然和谐共生的思考，本书认为景观设计不仅关乎公众健康、幸福，还具有服务和引导公众价值观的重要作用，构建以促进公众"健康、幸福、价值观"的景观环境，这也是景观可持续发展的重要内容。

7.6 本章小结

本章以延庆区景观文化、历史风貌、生活空间为研究内容，首先梳理延庆区文化空间形态以及对历史风貌规划方面的思考，如严格保护文物，延续传统街巷格局，增强文化认同，促进文化创新。自古以来，延庆是游牧文化与中原农业文化交融相生之处。利用好延庆特殊的区位优势，进一步促进多元文化的传播与文化创新。更重要的是，从"环境整体"理念背景下，延庆区历史文化资源开发应值得关注的是，在设计与营建各文化景点的同时还应注意各景点之间的关联，借助各景点之间的联动作用，实现从景点到景区、景面的开发和利用。

然后从延庆区历史区位特殊性开展对乡镇地名历史的研究，研究认为对地方属性特征的挖掘不仅包含内在历史与文化的具体内容，还涉及地方特征的外显内容，如在历史地名时有变更或消失的今天，如何挖掘和评估地名的历史和文化价值，进而进行相应的研究与保护，急需引起各地的重视。本研究选择代表村庄"珍珠泉村与双营村"，一是从景观空间要素和整体布局方面探讨延庆区乡村景观评价，提出综合评价在整体设计问题研究中的重要意义；二是从军事防御背景展开对延庆区民居风貌的研究，为双营村提出民居风貌的修复建议，如成立土城保护机构、专门立项、专门的抢救性保护、进行专门的景观规划等建议。另外，还调研了当地独特的夯土建筑，从专业设计、新旧结合、改良配方、改良工具与工艺、合理规划等方面，梳理出现代新型夯土建筑的各种景观特征。

最后通过搜集网络数据和实际数据信息方法，以风景道规划和公共景观使用为例，探讨新数据环境对景观研究的启示。一是运用数据可视化和热力图技术开展风景道规划研究，基于地理热力图工具所提供的动态大数据，利用实时海量的数据建立基于空间流动性的风景道景观评价方法，进而为风景道景观的设计与研究提供数据依据和方法基础。研究提出了景观的概念总括了人类视域的所有存在，是人类赖以生存和发展的基础。当代景观具有重要的社会价值、文化价值、经济价值与美学价值。二是从景观使用与景观政策层面，开展对公众景观使用中审美认知、审美需求、审美展望等方面的研究，研究提出应坚持从景观政策制定与设计、景观策略实施、景观使用情况评测，最终回归景观政策修订的闭环，应充分发挥科学家、设计师、艺术家、环境保护组织、公众等各方面力量，构建"健康、幸福、价值观"的景观环境以实现景观可持续利用、真正普惠公众的最终目的。

延庆区景观艺术特征评价

本章是延庆区"环境整体"研究内容之一，依据前文有关延庆区景观环境建设现状与特征，从艺术审美视角分析延庆景观特征。本章基于艺术审美因素，在延庆区景观审美与历史发展研究之上，主要包含景观诗词审美与景观影像审美两部分。一是通过延庆八景诗词及现代转译研究景观审美特征，二是分析延庆区具有代表性的风景影像作品的景观审美偏好特征。

8.1 延庆区环境审美认知历史

延庆景观审美与认知历史，即表达风景美的历史资料记载，包括延庆区通过文字、绘画、摄影表达景观审美的历史。依据权威性、整体性、客观性原则筛选文献及图像资料：文字史料相关的有《延庆文化文物志·文化卷》《延庆区志》《延庆五千年》《延庆史话》《延庆博物馆》《妫川壁画》；美术教育发展相关的有《延庆美术》；绘画与影像作品相关的有《北京意象：美丽延庆》《美丽延庆——诗书画集》《话说八达岭与长城》《延庆风光摄影集》等。另外还包括从延庆区政府及宣传部、延庆区规划馆及文博馆、北京延庆美术家协会等网络平台获得的数据资料，以及对延庆区艺术家的访谈调研。

8.1.1 延庆区审美历史溯源

延庆区的悠久历史可以追溯到上古时期。2004年徐红年在《延庆史话》以章回小说形式叙述了自炎黄"阪泉之战"以来历史故事，同时详细描述了延庆区地理环境及山水格局情况，如东北南三面群山环抱、白河和黑河奔腾于东北部万山丛中，南边军都山像一头睡狮卧于北京小平原的北端，头枕潮白河，尾甩太行山，中间一道天堑直通南北。但延庆区受周边各民族争战影响严重，社会动荡，人文艺术成果相对贫乏。2006年宋国熹在《延庆五千年》指出延庆自古为幽蓟被作为中国北方各民族逐鹿、交流、融合的枢纽之地，并整理延庆八景诗与古诗词492题。2009年延庆区文物管理所编撰《延庆博物馆》(以介绍延庆地区历史变迁及人文发展情况为主)指出延庆地势是东北高，西南低，东南北三面环山，中部平坦，山地平均海拔为700m以上，中部妫水河自东北向西南贯穿平原，故该平原又叫妫川。

　　诗词与绘画是风景美欣赏表达的主要方式，之前对延庆区风景影像作品的采集整理发现早期作品较少，以八达岭长城附近为主并多由国外摄影者创作，20世纪以后伴随旅游业的发展需求逐渐增多。《延庆区志》中介绍"妫川八景、永宁八景、四海八景、关沟七十二景"等历代风景，其中在元代就已经记载有关欣赏风景美的活动，清代及民国时期八达岭景观，中华人民共和国成立后旅游人数逐年增多。

8.1.2　延庆区审美认知的发展

　　2008年，白恩厚《延庆美术》认为延庆美术具有一定的地方特色和时代风貌，独特的地理条件决定了延庆美术粗犷豪放的艺术风格。从延庆现存文物古迹来看，缺少文人画家、缺少研习民族绘画的社会风气，但不缺少与生活密切相关的民间画师，如从事建筑彩绘、彩塑、壁画、戏装、刺绣、剪纸等。2010年范学新《妫川壁画》中详细介绍遗存的90余座寺庙壁画，延庆区由民间艺人所绘，以民俗信仰与自然崇拜为主。李建平在该书序言中认为延庆壁画线条自然、简洁生动，表现了郊区民俗艺术文化。2010年延庆文化委员会编纂《延庆文化文物志·文化卷》中与绘画相关的是现存辽金时期灵照寺大雄宝殿中栋梁上的彩绘，除人物故事、飞禽走兽、花鸟鱼虫外还有山水风光。2010年延庆区宣传部出版《北京夏都-延庆风光摄影集》展现了延庆夏都公园、妫川广场及其他景观建筑等大量延庆风光照片。2014年孟宪利《话说八达岭与长城》通过搜集延庆长城明信片，主要介绍了百年间中外拍摄的长城明信片。2016年由北京龙腾翰墨文化传播有限公司、当代美术出版社出版《美丽延庆——诗书画集》，其中将妫川八景赋诗词通过诗书画一体的形式表现延庆风景。2017年北京市文联围绕延庆风光、历史人物、人文景观等内容举办《北京意象：美丽延庆画展》，并由北京美术家协会出版同名画册。2017年"北京印象、美丽延庆"主题绘画作品展在中国美术馆开幕，由北京市文联、延庆区委、区政府联合主办，共展出90幅画作，这些画作对延庆风景、人文历史、景观风貌、人物事迹等进行描绘，展现了龙庆峡、嵩山、玉渡山、妫川广场、夏都公园、八达岭长城以及一些非物质文化景观活动等。近年来，2013年入选世界地质公园名录、2015年延庆撤县设区、2019年世界园艺博览会以及北京牡丹文化节的举办以及作为2022年北京冬奥会赛区等都体现了延庆景观环境的优化与提升。

8.2　延庆区景观诗词艺术特征——以明代八景为例[①]

本部分内容以北京延庆八景诗词为例，首先提取诗词中的景观要素，分析当时诗人对于八景所表达的情感。同时，以人的视线及动线特征为设计手法依据，将诗词中的景观要素转化成空间图示语言。最后，根据延庆八景之———榆林夕照的实地调研经历，尝试对其进行空间转译，旨在探索延庆八景景观设计的可能性，为延庆区现代城市景观建设带来一定启示。

8.2.1　北京延庆八景

中国园林文化历史悠久，其中"八景"文化正是古代文学思想与园林景观的统一体。"八景"作为一种以数字称谓景观的表达方式，被《汉语集称文化通解大典》一书收录，归类为"集称文化"，如"潇湘八景""燕京八景"及"津门八景"等。这种将一定时期、一定条件、类别相同或相似的人物、风俗、物品、件等，用"数字的集合称谓"将其精确、通俗地表达出来，形成所谓的"集称文化"。在《辞海》和《辞源》的"八景"词条中，对八景的解释都引自沈括的《梦溪笔谈·卷十七书画》与赵吉士的《寄园寄所寄录》。

延庆地区就有人类聚集活动，在春秋时代，延庆地区曾是山戎族领地。而在战国时代则为燕国属地。在之后的历史变迁中，延庆地区数次更名，游牧文化与中原农耕文化在此地区也进行了多方面的碰撞、交流与融合，所以历史上文人墨客对延庆地区歌咏甚多。

延庆地区最早的县志为明代文人所写，当时记录的延庆（妫川）八景为"榆林夕照、岔道秋风、独山夜月、海坨飞雨、古城烟树、妫川积雪、远塞飞鸿、平原猎骑"，虽然延庆八景名称在后世文人笔下多有演变发展，如"永宁八景"等，但大体延续了明代时的八景名称，所以本书所选取的八景名称即以北京延庆区博物馆公示的诗词资料为依据。

[①] 本部分内容节选自课题组成员阶段性成果——王远超. 北京延庆八景诗词景观要素在设计中的空间转译[J]. 设计，2019（19）.

8.2.2　北京延庆八景诗词中的景观要素

心理学家荣格提出两个心理学概念，即"原型"与"集体潜意识"。集体潜意识是指普遍存在于某民族个体心理中的认知基础，它由反复出现在民族神话故事，宗教信仰及文学传统中的意象符号集合而成。原型正是集体无意识的内容，是先天固有的直觉形式，原型在集体无意识与具体形象之间具有中介作用，是融合思维与情感、理性与感性的特殊结构。荣格提出的两个概念为可以成为我们理解、提取和总结延庆八景诗词景观要素的基本角度。

古延庆地区地势平坦，植物多样、地势及山体轮廓清晰，季节特征明显，所以八景当中对于自然环境的描述占多数，如"榆林夕照、岔道秋风、独山夜月、海坨飞雨、古城烟树、妫川积雪"。除此之外，八景当中也出现了社会活动景观，如"古城烟树，平原猎骑"。在李自星编著的《咏延庆诗词选》（2000）中，通过对赵羾、范镔、罗存礼及许隆远四人关于延庆八景，共三十二首诗词的提取总结，其景观要素可分为两种，一种是由物理要素所组成，自然现象如风雪、雷雨等；自然元素如树林、花草、山川、动物等；人造景观如古道、民居城驿等；时间要素如时辰、季节，朝代变换等（表8–1）。另一种是由诗人的精神感受要素所组成，如景观感受，空间远近，空间旷奥，空间位置等。通过视觉，触觉，听觉，嗅觉引起的生理感受，以及由诗人思今怀古所产生的人文感受。例如，在延庆八景之一，"古城烟树"相关的诗句描写中，明代赵羾曾作《古城烟树》，"明昌废苑护层城，古木苍烟画未成，杨柳夹堤晴雾合，桃花临水早霞明。凌云翠巘三千尺，隔叶黄鹂四五声。风景不殊人事改，野花闲草古今情。"前景为金代旧址古城及古木烟雾，鳞次栉比的排列，中景为杨柳水岸，长堤早霞，远景为飞鸟与高峰，最后以古今对比的手法，引起人们的遐思。其中"层城""云雾""高峰""郊原"及"烟树"等景观要素出现频繁，景观层次虚实相生，形成平远无尽的意象。诗词正是通过融合这两种要素，传递出了中国长久以来形成的文化传统及景观认知方式，即对自然及文化景观的集体潜意识。

延庆八景诗词景观元素出现次数　　　　表8-1

景观元素＼八景名称	榆林夕照	岔道秋风	独山夜月	海坨飞雨	古城烟树	妫川积雪	远塞飞鸿	平原猎骑
清晨	0	0	0	2	4	2	0	0
正午	0	2	0	2	0	1	0	3
黄昏	4	1	0	0	0	1	3	2
夜晚	0	2	4	0	0	1	1	0
山川	3	2	4	4	2	3	0	0
天空	4	4	4	4	4	4	4	4
树林	4	4	1	4	4	3	0	0
花草	0	2	0	0	2	0	1	1
河水	0	0	2	3	1	3	0	0
郊原	2	1	1	0	2	2	0	4
庄稼	2	0	0	0	2	0	2	0
牛马	2	0	0	0	0	0	0	4
虫鸟	2	1	0	0	0	0	4	4
民驿	4	3	0	0	4	2	2	0
古道	0	4	0	1	0	1	0	0
炊烟	1	0	0	0	0	0	1	0
风雪	0	3	4	0	0	4	0	0
雷雨	0	1	0	4	0	0	0	0

8.2.3　景观要素的直译与转译

延庆八景诗词中由景观要素和人文感受所组成的景观原型，在明清两个时期不断发展积累，最后趋于稳定，形成人们对区域景观特征的基本认知。八景诗词中的景观要素，一般通过两种方法进行再现。一种是直译，另一种是转译。

1. 要素直译

直译是指复原和再现诗词中所体现的景观要素以及从诗词中延伸出的意境及诗人感受。直译的方式往往依托于地区原有的景观信息，包括物质基础、县志、绘画及文学作品等。在直译的过程中，除了忠实地再现地区原有历史及景观信息，保留大众历史记忆，还可以通过适当地改造方法，保留部分重要原有景观信息，取其精华，扬长避短地进行创新，以迎合新时代要求。直译一般适合区域历史景观脉络性较强的设计中。国内的城市景观改造案例，比较著名的为"西湖十景"，其中对于"雷峰夕照"中雷峰塔的改造更是其中代表案例。

2. 要素转译

转译是指根据一定方法及规律对原有景观原型进行创新改造，使新的景观空间与原有景观进行历史对话，唤起大众对区域景观的历史记忆，即集体潜意识。

转译的过程主要涉及两方面，一是"转"，这是一个分类，提取和总结的过程，其中包括以物质为基础的景观要素，也包括以人文感受为基础的情感要素，而提炼筛选的标准则是为景观设计服务。二是"译"，这是一个用景观设计的手法，将一系列诗词景观要素，从某些角度进行重新排列组织，形成新的景观空间。转译的过程并不是景观元素符号的简单罗列，而是通过控制人的身体及视线感知，让诗词中的景观要素及文化精神得以重现。以上海辰山植物园矿坑花园为例，设计师将清代的辰山十景进行重新设计，通过转译的手法，选取了其中五景，分别为丹井灵源、洞口春云、甘白山泉、镜湖晴月、金沙夕照，结合原有文献中描述的景观要素及当地环境条件，进行了全新的诠释。如在"金沙夕照"中（图8-1），设计师提取了"山体西麓，天马山，夕阳，金色沙坡"等景观要素，用转译的手法在山坡西侧新建了景观平台，将平台立面饰以能够反射夕阳颜色的金属材料，并以细石铺路，不仅还原了金沙夕照的景观特点，还体现了新工业风格的设计特点。在这一转译过程中，向西的山坡反射出的夕阳为金沙夕照中最重要的景观原型。这里的景观原型不是简单的景观要素拼贴，而是通过视觉形象，引发人们集体潜意识中的文化想象。

回看延庆八景诗词，因其多为对自然景观的描写，经过历史变迁，原有景观已不能完整再现，直译的方法并不能体现诗词中全部的

图8-1　上海辰山植物园矿坑花园——金沙夕照

景观要素。所以在新景观空间设计中，可以选取八景诗词中最具代表性的景观元素，用转译的手法进行重新设计。

8.2.4　从景观要素到空间图示转译

在构筑、建筑及城市景观层面，将延庆八景要素转化为空间语言的过程中，不能脱离对人的肢体及视线的控制及空间经验的探讨。首先从平面角度看，人与景观要素的关系始终是动态的，人在移动的过程中，所见的景观也不断变化。假设人在移动时不断穿越于开放程度不同、大小不同、位置不同的空间，那么就可以得到不同空间及视觉体验。如唐代柳宗元在《永州龙兴寺东丘记》中曾提到"游之适，大率有二：旷如也，奥如也，如斯而已"，将景观空间中的游行经验概括为"旷"与"奥"。"旷"对应是辽阔悠长，"奥"对应的是曲折迂回。通过对空间旷奥程度，肢体和视线的控制，不断影响人们的观游过程，形成丰富的游览体验。其次从垂直角度看，人在景观空间中的上下移动也可以得到不同的空间经验。人向上移动时，通常引发崇高、敬畏、奋进等情感，向下移动时往往引发神秘、幽深等感受，可对应到诗词中的人文感受。从这两个角度分析后，再把从诗词中提取出的景观空间要素转化为具象局部空间，再进行有组织性地，连贯地串联，最后进行全局调整，结合其他诗词景观视觉要素，得出富有节奏美感的空间图示，进而完成从诗词景观要素到空间图示的转译。

榆林夕照是延庆八景之一，榆林堡村在元代时名为榆林城，曾为当时元大都与上都之间的交通驿站。关于榆林夕照的明清诗词有四首，作者分别为赵䢵、范鎮、罗存礼及许隆远。诗词中出现过的主要景观要素为"夕阳、树林、山体、庄稼、牛羊、飞鸟、郊原、民居城驿与炊烟"（图8-2），诗人将这些景观要素组织在一起，为后人描绘了一幅安静祥和的村庄景象。榆林堡村的北侧现存一段经过加固的古城墙，登上城墙可远眺村庄北侧山峦景色，同时也可以观

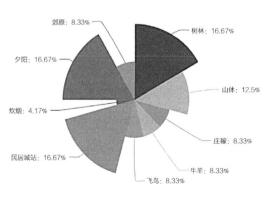

图8-2　榆林夕照诗词景观元素出现次数

望到村庄西侧稀疏的榆林及耕地
（图8-3），结合描述"榆林夕照"
的四首诗词，实际上可真实地感受
到古人所记录的图景。本书在攀爬
榆林堡现存城墙及登顶瞭望的过程
中，不仅记录了行动过程中感受到
的景观要素，空间的路径，空间位
置，空间旷奥度等，还将自身空间
体验与诗词中所表达的人文感受进
行融合比对，并最终尝试将其转化
为空间图示语言。

　　将观看榆林夕照的连续行为拆
解成为若干部分，即"寻找，攀
登，发现"三个过程。首先在"寻
找"阶段，基本沿村北侧城墙进行
东西向水平移动，动线整体呈直线
性，具有强烈的指向性及稳定性。
在登上墙头后，仍沿城墙路径进行
水平移动。其次在"攀登"阶段，
在随着垂直方向的移动，视野不断
打开，视觉焦点从原本狭长的街
道，民居及城墙空间逐渐脱离，直
到登顶后完全打开，俯瞰榆林堡村

图8-3　延庆区榆林堡村

全景。在这一过程中，民居屋顶的阴影，横亘的城墙及阴影，还有郊原田地、榆
林、村庄以及远山的轮廓线，共同形成了一幅安静辽阔、层次分明的画面。同时，
也从对民居、城墙、村内景观的关注，逐渐变为对全景的关注，视线及肢体在空间
上得到解放。同时，从人文角度看，渐沉的夕阳，稀疏的榆林，辽阔的耕地与宁静
的村庄等景观要素，以及由古民居屋檐与榆树梢投影在古城墙时所形成的画面，也
传达出厚重的历史感，这些是转译过程中可以着重提炼表达的要点。所以在将景观
要素转译为空间图示的过程中，可以将诗词中反复出现的"夕阳、榆林、远山"等

元素进行转译，同时将诗词中所描绘的人文感受与实地调研感受进行结合。

首先，在关于榆林夕照的四首诗句中，描绘的诗词景观多呈现出一种平远辽阔，层次分明的特点，再结合实际的调研经验，如图8-4、图8-5所示，分别转译了城墙、榆林、民居、阴影、郊原、远山等景观要素，从形式和空间的角度进行提炼转化，如景观要素轮廓线，从而使空间图示的整体特征呈现极大的延伸感。

其次，在空间路径设计中，为了回应"寻找"与"攀登"的阶段特点，将空间图示中的路径水平拉长，增加人的移动时间，为人创造更多观景机会，进一步增强空间水平性特征。再者，在登顶之前，人们可先穿越由榆林及仿民居形态的木构装置所，而后沿固定路线攀登城墙，期间因视线不断被解放，形成一个动态的观察效果，模拟实地观看榆林夕照时的空间体验。

在转译诗词中的人文情感方面，因榆树等落叶乔木有夏茂秋枯的特性，可与解

近景——城墙、屋檐、投影等   中景——榆林、建筑群等   远景——山体、郊原等

图8-4　景观要素轮廓线

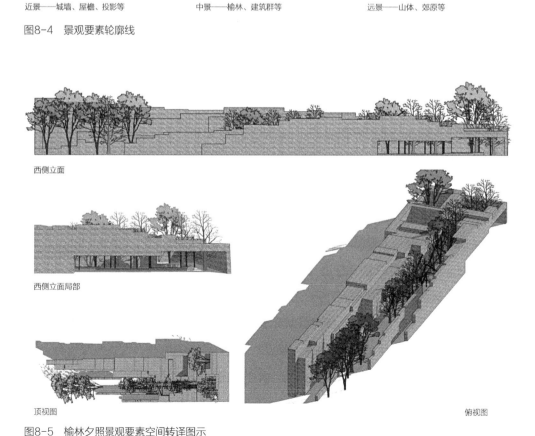

西侧立面

西侧立面局部

顶视图

俯视图

图8-5　榆林夕照景观要素空间转译图示

构过的民居木构装置共同形成一副表达时空变迁的图面，即春夏时木构装置可隐藏在榆林中，与树木一起形成一幅生机勃勃的场景；秋冬时榆林叶落，木构装置显现，纤细且不完整的装置与榆木枝干共同形成一幅萧瑟的画面感。同时，木构装置与榆林被拉长的投影一起投射在城墙装置上，使游客有行走在城墙上，仿佛就像行走在时空缝隙中，使人感受到时空的交错，引发思古怀今之情，将"榆林夕照"的旧有静态图景进行动态化转译，最后完成"发现"阶段，即"情""景""境"的融合。

8.2.5 景观诗词审美对景观与环境设计的启示

首先，对于延庆地区景观建设而言，延庆八景诗词景观要素的研究与转译，一方面能够保护与重现地区原有自然景观，新建良好的区域景观，构筑理想人居环境。另一方面能够保存地区历史文化记忆，形成独特的区域景观文化，提高地区文化软实力。其次，在景观要素空间转化方面，因延庆八景多描写自然景观，且景观随历史变迁多有改变，所以转译的手法较为适用。同时，依据人的肢体及视觉经验，转译诗词景观要素为空间原型设计，可避免延庆八景文化转译过程中的装饰符号庸俗化，以及景观系统建设的体系缺失问题。最后，在景观空间原型设计过程中，对于诗词景观要素的分析以及景观系统的建设必不可少，有助于增强延庆地区景观设计的文化意识，提高文化竞争力。这对延庆地区景观保护、历史文化景观和城市景观建设等方面具有重要现实意义。

8.3 延庆区景观视觉艺术特征——以100幅风景影像作品为例[①]

目前景观审美研究多集中在哲学层面与心理层面、生态层面的讨论，缺乏从艺术家关注视角研究景观审美。中国独特的景观与环境审美观是园林景观实践的重要议题，而中国风景影像作品审美偏好是探讨审美观的关键。

---

① 本部分内容节选自课题组成员阶段性成果——Zhang Yuanyuan. The Effect of Landscape Art Work on the Landscape Architecture: Based on the Aesthetic Preference of Color and Composition of 100 Landscape Art Works during the 100 years in Yanqing District, Beijing. THE 5th Art and Science International Exhibition and Symposium. 2019（11）.

本部分以北京延庆区为例，基于生态立区理念，对延庆区景观审美品质提升问题的思考，将艺术家视角纳入景观建设中，筛选延庆区近100年间100幅风景影像作品，以取景意向与视觉审美作为景观审美偏好研究的主要内容，即分析作品的关注热度、空间分布、资源利用、构图方式以及色彩配置5个方面，对比归纳后提出景观资源利用与景观审美营造建议。

8.3.1　影像作品视角下景观审美偏好研究方法

1. 艺术作品中视觉审美影响因素研究概述

中国历代绘画理论多推崇画面的气势与精神，甚至画者品格也影响对作品评判，如顾恺之"以形写神"论，王璜生在《中国画艺术专史（山水卷）》提到《宣和画谱》山水画讲究山水精神，而且将画者人品与画品相联系。在画论著述中也有较具体的评判标准，包括构图、色彩、造型、结构等影响山水画视觉表达的因素。如谢赫在《画品》中提出"六法"，气韵生动、骨法用笔、应物象形、随类赋彩、经营位置、传移模写，其中包含对画面的线、造型、色彩以及布局方面。马良书在《中国画形态学》中提到六法中的六个方面实际上极具形态描述的意义。又如荆浩在《林泉高致》中提出"三远"即高远、深远、平远，"三远"总结了山水画构图及布局方式。另外，刘继潮在《游观：中国古典绘画空间本体诠释》中强调笔墨与空间是建构中国古典绘画独特性最为关键、最为基础的两个方面，笔墨与空间相互依存，笔墨涉及线、色彩、造型等因素，空间包含画面空间与画外空间两个层面。

1974年唐迪斯（Dondis）提出视觉表达的首要因素是点、线、形式、方向、色调、纹理、比例、尺寸、变化。1983年本·克莱门茨（Clements）等在《摄影构图学》中视觉要素就是形状、线条、明暗、质感和立体感。2004年西蒙·贝尔（Simon Bell）将景观中的视觉元素划分为三部分：一是由点、线、平面及立面基础元素；二是由数量、大小、光线、间隔、形式、时间等可变因素；三是由空间方面、结构方面、秩序方面的组织方式。2006年特韦特（Mari Sundli Tveit）、2008年Åsa Ode基于景观美学理论提出人们欣赏景观关键元素，归纳九个概念描述景观特征：复杂性、统一和谐的、人工性、有管理的、形象标识性、视阈尺度、自然性、历史性、季节变换的。2006年吴家骅在《景观形态学》中将形式、色彩、肌理、比例、布局以及艺术氛围视为视觉艺术的基本要素。2013年纳尔·逊古德曼（Nelson Goodman）在《艺术的语言：通往符号理论的道路》中将葛饰北斋的风景画与心电图作对比，提出图像不同于图表而是充盈的（Replete）。这里的充盈是指图像所拥有的画面元素、组织关系以及画面气氛等充盈的内容和丰富的内涵，与物理属性、物理概念相对。2014年克里斯汀·都铎（Christine Tudor）在《景观特征评价方法》中通过指标环的形式分析"什么是景观"，提到景观与人相关的美学感知，即视觉、听觉、嗅觉、触觉以及偏好、联想、记忆七个部分组成，其中视觉包含色彩、纹理、图形、形式。

2. 影像作品视角下景观审美偏好判断模型及方法依托

通过梳理艺术作品中视觉审美影响因素研究成果，作品视觉审美影响因素包含如形式、色彩、构图、层次、秩序等画面组织因素，以及光线、时间、参与等影响因素。但本书从横向布局与纵向形象两个维度分析风景影像作品，见表8-2，将影像作品的取景及视觉审美作为景观审美偏好的主要研究对象，将构图方式与色彩配置作为影响视觉审美的关键因素，从艺术作品视角提出景观资源利用与景观审美营造建议。

取景空间偏好：首先从关注度层面归纳艺术作品类型及其取景地点，然后与政府旅游图叠置对比，以期探索潜在景观资源。

视觉审美偏好：依据绘画与摄影构图学理论研究基础，通过宏观筛选构图学研究者普遍关注的构图方法，确定六类主要构图方式：曲线式（S形曲线构图）、三角式（三角形、L形构图方式）、放射式（放射线构图）、环形式（团块图、C形、O形及圆形构图方式）、画像式（画像形构图）、线状式（水平线、倾斜、对角斜线、支点、直线、垂直线及折线构图方式），以及均衡、对比、层次、整体、节奏五项形式美标准。景观色彩审美偏好，重点关注艺术家对色彩选择及色彩配置问题，主要包括作品中主色与辅色配置组，基于色彩心理学理论基础将色彩配置组定位于色彩象限内。

1983年本·克莱门茨等在《摄影构图学》中认为构图原理就是对比、节奏、优势、平衡和统一。2005年康大筌在《摄影构图学》中将摄影的取景行为解释为格式塔心理学的"完形说"，即在观看到景物时，选取有价值的部分作为图形，将其余部分视为基底。从广义景观偏好层面讲，绘画与摄影创作、电影拍摄场景都与取景行为相关。电影场景的取景与故事情节、主人公形象、精神表达相关。绘画作品的取景不仅局限在以画框或视野范围内的事物，更注重对所选事物的再次加工。还提出摄影构图的形式规律，如主宾呼应、虚实开合、均衡布局、基调处理、张力与简约，并归纳常见的构图方法，如直线构图、斜线构图、十字线构图、放射线构图、三角形构图、圆形构图、折线构图、曲线构图、框式构图、黄金分割及其他和谐与对比构图方法。2006年林钰源在《构图学》中介绍了确定画面主体的方法：如中心位置法、井字法、三纵法、三横法、放大法、对角法、左右法、聚焦法、对比法、指向法等，并列举了画面的图式结构类型：如三角式、水平线式、垂直线式、中心式、S/C形式、环形式、倾斜式、重复式、放射式、十字式、点状式、线状式、团块式等。2008年常锐伦在《绘画构图学》中介绍了构图结构的形式主线，如水平主线、垂直主线、几何曲线、圆形、三角形等，并提出多样统一、平衡稳定、整体联系、对比调和以及节奏韵律的构图形式美规律。2015年蒋跃在《绘画构图与形式》中着重探讨了水平线、垂直线、斜线、锯齿线、自由曲线、辐射线六种构图形式线的形式感受，提出均衡、对比、节奏、含蓄、整体的形态审美。2017年伊恩·罗伯茨（Roberts I.）在《构图的艺术》中引用约翰·康纳德（John Canaday）的话强调构图在绘画中举足轻重却常被忽视，同时总结了八种常见的画面架构，即S形、L形、对角斜线形、三角形形、放射线形、支点形、O字形、画像形。

2015年宋文雯在《色彩，景观的外衣》一文中提出景观最初的意义是基于审美层面的视觉体现，色彩本身及色彩的和谐对于景观视觉审美研究具有重要意义。1989年滝本孝雄等在《色彩心理学》中介绍了色彩的内涵具有某种刺激因素，即色在汉日英三种语言中均表示物体及面部呈露的刺激因素。在中国传统山水画发展史上，色彩是绘画作品审美偏好的直观表达。1982年文金扬在《绘画色彩学》中列举《山水论》《林泉高致》《绘事发微》等中国历代画论中详细介绍了物像色彩的变幻特征。2006年熊炜在《绘画色彩研究》中提到艺术家从审美角度重点研究色彩的审美功能。小林重顺在《色彩心理探析》中提到画家观察自然学到了膨胀色、收缩色、前进色、后退色、刺激色、沉静色。色彩本身无优劣之分，和谐的色彩配置是艺术作品的关键。2015年李天祥在《色彩之境》中提到颜色和谐是审美规律的一个组成部分，介绍了同调和谐、两种或两种以上色调各颜色的和谐、对比色和谐。与色彩和谐相关的科学理论体系有：奥斯特瓦尔特色彩体系、孟塞尔色彩体系、劳尔色彩体系、NCS色彩体系等。

风景影像作品（取景与观赏）审美偏好判断指标及理论基础　　表8-2

目标层	准则层	指标层	方法/理论基础
风景影像作品的景观审美偏好研究	取景空间偏好	关注热度	归纳艺术作品取景地点；明确具体位置
		空间分布	交通线路；河流、山脉附近
		资源利用	各点之间关系；与旅游图对比
	视觉审美偏好	构图方式	《摄影构图学》（1983、2005） 《构图学》（2006） 《绘画构图学》（2008） 《绘画构图与形式》（2015） 《构图的艺术》（2017）
		色彩配置	《色彩，景观的外衣》（2015） 《色彩心理学》（1989） 《绘画色彩学》（1982） 《绘画色彩研究》（2006） 《色彩之境》（2015） 《色彩心理探析》（2008）

8.3.2　影像作品视角下延庆区景观审美偏好分析

1. 风景影像作品采集过程

基于客观性与包容性原则，通过延庆区政府及宣传部、延庆区规划馆及文博馆、北京延庆美术家协会、延庆区艺术家调研等途径，以延庆为取景地的影像作品，而且影像作品属于具象非抽象内容，从《北京意象：美丽延庆》《美丽延庆——诗书画集》《话说八达岭与长城》《延庆风光摄影集》、延庆政府宣传公众号及北京晚报等网络报道，筛选出延庆区近100年间100幅风景影像作品，其中包括60幅绘画作品、32幅摄影作品、8个电影场景。

2. 风景影像作品取景空间偏好分析

首先依据空间定位与统计工具分析100幅影像作品的取景点偏好，主要从宏观层面分析影像作品取景点地理位置，然后与政府公布的骑行旅游路线图、地质公园旅游图进行叠置，比较艺术家取景偏好与已开发的旅游资源差异。

取景点关注度方面：将延庆区100幅风景影像作品归类筛选后共有36个取景地，如图8-6所示，频数统计可知关注度排序：妫水河附近公园、古崖居、永宁古城、海坨山、龙庆峡、八达岭长城、莲花山、青龙桥车站、松山等。其中妫水河附近的夏都公园、东湖、西湖关注度最高，在100幅风景影像作品中占13%，古崖居

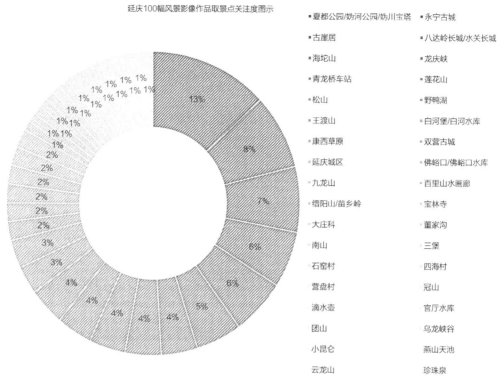

延庆100幅风景影像作品取景点关注度图示

- 夏都公园/妫河公园/妫川宝塔
- 永宁古城
- 古崖居
- 八达岭长城/水关长城
- 海坨山
- 龙庆峡
- 青龙桥车站
- 莲花山
- 松山
- 野鸭湖
- 王渡山
- 白河堡/白河水库
- 康西草原
- 双营古城
- 延庆城区
- 佛峪口/佛峪口水库
- 九龙山
- 百里山水画廊
- 缙阳山/苗乡岭
- 宝林寺
- 大庄科
- 董家沟
- 南山
- 三堡
- 石窑村
- 四海村
- 营盘村
- 冠山
- 滴水壶
- 官厅水库
- 团山
- 乌龙峡谷
- 小昆仑
- 燕山天池
- 云龙山
- 珍珠泉

图8-6　100幅延庆风景影像作品36个取景地关注度

与永宁古城次之。古崖居、永宁古城及城区内妫水河附近公园属于以人文内涵为主导的景观，相较于以自然生态为主导，艺术家更关注景观的人文内涵。

取景点空间分布方面：将36个取景地定位于延庆区行政地图上，可知：千家店镇、延庆镇、张山营镇以及八达岭镇取景点较多，其中千家店镇取景点主要分布在白河附近，延庆镇取景点主要分布在妫水河附近，张山营镇与八达岭镇取景点主要分布在交通线路附近。

取景点资源利用方面：将36个取景地与政府公布的骑行旅游线路图、（地质）公园旅游图进行叠层分析，取景点基本分布于地质公园区域。然而，对于具有较高关注度的妫水河附近公园并未包含在旅游路线中，另外，延庆区东南方向的取景地并未得到足够重视和利用。

3. 风景影像作品视觉审美偏好分析

（1）构图审美偏好分析

运用图片编辑软件的参考线工具、截图工具中九宫格，判断100幅影像作品整体构图偏好，并制表统计作品所体现的构图方式使用频数延庆100幅风景影像作品构图方式统计表，将延庆区风景影像作品所体现的构图形式与6类构图方法相对应。如表8-3、图8-7所示，通过统计结果可知：一是线状式与曲线式构图占有较大比重，这些作品中多表现对中、远景景观的表达。其中线状式构图的影像作品多采用水平线构图，如康西草原、延庆夏都与妫水河公园、海坨山等。另外，作品主体为山、水元素都偏好使用曲线式，以表达曲径通幽画意和画面的丰富层次，如龙庆峡、玉渡山、松山、白河水库等，而且传统风景绘画一致偏好使用曲线式构图；二是并不常用放射、三角式及画像式，放射式与三角式构图多由电线杆、屋顶、人行道等人工设施对画面产生的影响，画像式构图多集中表现近景景观；三是环形式构图主要表现群山环绕、湖泊、人群或建筑群落、乔木灌木等聚集组合等内容，如龙庆峡、莲花山、天池及珍珠泉。

100幅风景影像作品构图方式统计　　　　　　　　表8-3

作品名称	构图方式					
	曲线式	三角式	放射式	环形式	图像式	线状式
100幅风景影像作品	63	16	15	36	17	67

图8-7　代表性影像作品构图方式代表作品
（a）线状式；（b）放射式；（c）曲线式；（d）图像式；（e）环形式；（f）三角式

（2）色彩审美偏好分析

如图8-8所示，以延庆区妫水河附近公园为例：首先从每幅作品中分别提取4个主色与2个辅色；然后借鉴小林重顺五色配色形象坐标方法，按照色彩给人心理产生的"冷、暖、软、硬"影响，将色彩配置组定位于相应象限内。如图8-9所示延庆妫水河附近的夏都公园与东湖、西湖公园色彩较丰富，绘画作品涉及不同季节、不同光线的景观，包含冷软、冷硬、暖硬三种不同感受的色彩配置。基于风景影像作品整体色彩，归纳艺术家视野中延庆区风景色彩图谱。

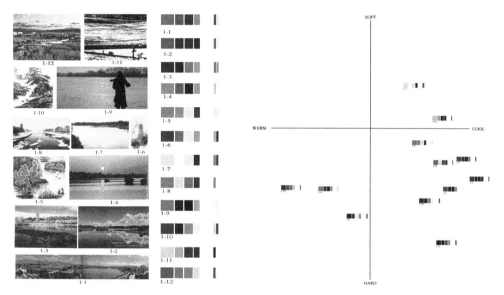

图8-8　色彩提取：以妫水河附近公园为例　　　　图8-9　妫水河附近公园色彩配置象限图

从100幅风景影像作品提取400个主色与200个辅色，并将主色与辅色配置组定位于色彩象限内，从心理学角度对应景观色彩配置的审美偏好。整体来看，如图8-10所示可知：一是延庆区风景影像作品主要集中于偏冷、硬象限内，以蓝绿色系为主并有多种组合配置形式，如同一色相不同明度或纯度、同一明度不同色相，运用不同形式灰度以及适当对比色调配置；二是延庆区风景色彩配置在象限中相对应的情感词为：自然的、古典的、考究的、雅致的、华丽的、现代的、闲适的。

8.3.3　景观艺术作品对景观与环境设计的启示

本部分内容通过解读近100年100幅风景影像作品的取景意向及视觉审美，探究

图8-10　延庆100幅风景影像作品色彩象限图示

延庆区景观审美偏好，思考并提出潜在景观资源利用与景观审美营造建议。

取景意向方面：100幅影像作品统计归纳后落脚于36个取景地，取景点多分布于白河、妫水河及交通干线附近，而需要关注的是妫水河附近及东南方向景观潜在开发价值，应进一步建立其与周围景点的有效联系。与风景旅游图比对得出，艺术家取景偏好更关注景观的人文内涵，如古崖居、永宁古城、妫水河公园等景观。因此，在景观营建理念方面，景观的生态与审美价值正走向融合趋势，应将生态与审美、自然与人文相结合的方法纳入景观建设中，坚持生态与审美、自然与人文相融合的营建理念，景观中的人文内涵、审美因素与生态内涵同等重要。

视觉审美方面：基于构图学理论基础，通过分析100幅风景影像作品的构图偏好，画家对延庆景观审美偏好于使用线状式与曲线式构图，尤其是层峦叠嶂的山水景观及平远开阔的草原景观，放射式构图多用于表现人工环境，古建筑群落的屋顶轮廓更适宜于使用放射式构图方式。因此，在景观形态设计方面，一是在保护生态环境前提下，还应注意考虑景观视觉审美的构图方式；二是不仅注意古建筑单体形态，还应注意建筑群落整体轮廓的视觉审美形式。基于色彩心理学理论研究，将100幅风景影像作品主色与辅色定位于色彩象限中，影像作品色彩从整体上偏冷硬，但蓝绿色调为主的色彩配置方式较多样，大部分由不同季节、不同光线影响下的自然环境与建筑物构成，多样化的配置方式有助于调和画面色彩的"冷硬"感。因此，在景观色彩设计方面，多借鉴自然环境原有的色彩配置方式，尤其是充分利用不同季节和不同光线对景观产生的复杂影响。

8.4　本章小结

本章以延庆区景观美学与认知为研究内容，从诗词、历史、现状、时空、视觉、艺术等关键词分别阐释景观与审美的关系。本内容是整体景观环境研究的重要组成部分之一，从艺术视角分析景观审美，区别于社会学、心理学、生态学等专业方法，又是与各专业研究相互补充。

首先以"延庆八景"为例分析延庆历史流传的八景诗词中景观要素，进行景观要素的直译与转译，进而从景观要素到空间图示进行转译，研究提出延庆八景诗词景观要素的研究与转译，既保护与重现地区原有自然景观与理想人居环境，又保存了该地区的历史文化记忆，形成独特的区域景观文化，有助于增强延庆地区景观设计的文化意识，提高文化竞争力。

然后从延庆区历代风景绘画与风景摄影等风景影像作品，通过构建景观审美判断指标体系和框架，进行作品分析、代表性景观比对分析、实地调研，最后结合生态评价和资源利用现状展开讨论，研究认为应发挥景观影像作品审美价值在景观规划与设计中的重要作用，为延庆景观设计以及风貌建设提供参考依据，有助于延庆区未来景观资源利用及风景旅游资源开发、提升公众景观体验。

整体观视野下城郊
景观设计策略

本书是在"环境整体设计"概念下的景观研究，景观评价是景观环境设计的前提，景观评价与设计需要环境整体思维。景观设计作为一门综合学科不仅需要强调交叉研究的方法，还不能忽视探索景观设计与其他相关学科之间的融通共性，这种共性研究是实现学术新高度的重要方法。所以，景观设计应该从整体性视角思考景观的形式和内涵，将生态、视觉、生活、空间、体验等统一纳入设计轨道中，实现交融互通的"整体性设计"，在这个过程中需要通过理论、技术、方法的综合作用。

9.1 延庆区整体设计问题与设计思路

9.1.1 延庆区景观设计的整体性问题

回顾前面各章节论述内容，本书将工业化时代背景下环境设计存在的"整体性问题"转化为研究课题，即景观设计研究遇到的"点、短、隔"问题："点"是指景观设计理论研究分散而孤立，各学科领域虽积极实现学科交叉，但仍属于"点"交叉未实现新的学科"面"；"短"是指景观设计实践多以较短时间为尺度标准，未实现从景观的"全生命"周期或人类历史和生态圈"整体"尺度思考和开展设计；"隔"是指景观资源、景观设计、景观使用、景观管理等阶段之间仍缺乏实质性沟通，各环节协同联动作用较不明显。

在延庆区环境现状中存在的现实问题是：倾向于注重发挥环境资源的生态优势，偏重依据生态指标规划和开发风景资源；倾向于将西方审美因素融入景观形态营建中，形成欧式或美式审美的景观形态；景观建设中人工环境与自然环境过渡不自然，缺乏科学合理的管控和引导，造成景观整体性缺失；过多重视规划者意识，较少关注景观环境对居民生理和心理的影响，忽视景观环境具有生态、文化、审美的整体性特征；受生态政策影响，该地区生态环境与经济、文化等发展不平衡、不协调、不持续，这种差距影响当地居民的社会心理与价值判断。

9.1.2 整体视野下景观设计方案的思路

环境整体思维适用于城镇郊区的景观建设。首先将环境整体意识放在首位，避免仅突出环境中某一影响因素。景观设计需要整体设计理念。在整体意识引导下，景观设计方法不局限于某一研究方法，而是以实际问题作为切入点，协同各相关领域专家的意见提出科学方案，并建立景观评价体系。如图9-1所示，传统景观设计涉及建筑学、风景园林学、设计学领域，景观问题也是多个领域探讨的重点，景观被分为地理与生态、审美与认知、文化与生活三部分。伴随研究方法和实现路径的不断升级优化，在新时代背景下景观设计需要"整体观"，这种整体思维并不否认景观环境的各影响因素，而是形成更具现实价值的研究思路：一是模糊了"地理与生态、文化与生活、审美认知"之间的边界，也就是找到三部分的"共性"，为各领域协作打下基础；二是整体设计思维并非将三部分模糊混沌于一体，是在共性基础之上又是有机循环的整体；三是将整体思维与整体设计方法应用到环境中，形成景观整体设计概念。

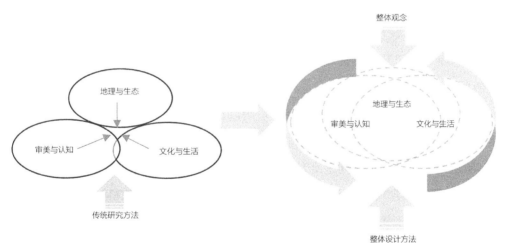

图9-1 延庆区景观环境整体设计研究思路图示

　　基于前文对城郊环境营建现状的梳理、整体性思维、整体性理论和体系构建的探讨，确定景观整体性设计研究方法。以延庆区为例，通过调研延庆区的景观与环境特征，立足整体思维视角，分别从地理与生态、文化与生活、美学与认知方面，进一步对三个方面研究结论进行讨论和批判性思考，最终形成延庆区景观整体设计方案。

9.2　延庆区景观设计问题的综合讨论

景观的概念总括了人类视域的所有存在，是人类赖以生存和发展的基础。当代景观具有重要的社会价值、文化价值、经济价值与美学价值。本课题组对延庆区"地理生态""文化生活""美学认知"三部分研究过程中，区别于以往景观与环境研究的片面化，坚持整体性原则与辩证性原则，始终贯彻"整体设计"的研究理念，从景观整体视角认知景观特征、分析景观内容、改善景观质量。因此，本章回归整体视角，对各研究部分进一步讨论后有以下几点思考：

9.2.1　景观生态方面

景观作为一种资源，应该从衡量可持续发展的角度进行考虑。特别是景观特征代表着自然和人类活动的维度，对于当地居民有着审美、文化、生态、社会经济和历史等多种意义，应将景观视觉评价纳入一个更加宽广的语境中能够支持可持续发展规划。

现代深层生态学与中国古代哲学环境观以及当代"绿水青山就是金山银山"的生态文明观具有统一视角，都将人与自然的和谐统一、协同整体作为高度追求。

综合评价在整体设计问题研究中的重要意义。所以，无论是从"地理生态"层面还是"生态哲学"层面、"地理空间"层面，区域地理生态的科学评价与研究并不能在"整体"上认识景观环境，需要进一步结合文化与生活、美学与认知三大部分的具体研究进行讨论分析。

9.2.2　景观生活方面

延庆区是游牧文化与中原农业文化交融相生之处，应充分利用好延庆区特殊的历史文化区位优势，从"整体"理念背景下，延庆区历史文化资源开发应值得关注的是，在设计与营建各文化景点的同时还应注意各景点之间的关联，借助各景点之间的联动作用，实现从景点到景区、景面的开发和利用。

对地方属性特征的挖掘不仅包含内在历史与文化的具体内容，还涉及地方特征的外显内容，例如在历史地名时有变更或消失的今天，如何挖掘和评估地名的历史和文化价值，进而进行相应的研究与保护，急需引起各地的重视。基于当代现实生活空间特征，以珍珠泉村为例，通过调研分析为景观风貌的保护与建设提供理论依据。针对延庆区历史特殊性，从军事防御背景展开对延庆区民居风貌的研究，并以双营村为例提出民居风貌的修复建议。

应坚持从景观政策制定与设计，以及在日常生活空间中景观策略实施、景观使用情况评测，最终回归景观政策修订的闭环，应充分发挥科学家、设计师、艺术家、环境保护组织、公众等各方面力量，构建"健康、幸福、价值观"的景观环境以实现景观可持续利用、真正普惠公众的最终目的。

9.2.3　景观艺术方面

延庆八景诗画审美具有重要的研究价值，通过对延庆八景诗词景观要素的研究与转译，提出了在保护与重现地区原有自然景观与理想人居环境，探讨了如何保存延庆区的历史文化记忆，形成独特的区域景观文化，有助于增强延庆地区景观设计的文化意识，从而提高延庆区的文化竞争力。

应该发挥景观艺术作品的审美价值在景观规划与设计中的重要作用，延庆景观设计以及风貌建设提供参考依据，有助于延庆区未来景观资源利用及风景旅游资源开发、提升公众景观体验。研究还从取景意向与视觉审美层面提出具有针对性的景观与环境审美营建的建议。

9.3　整体观视野下城郊景观设计的思想

本书以延庆区为例，综合前文研究过程和结果并结合中西方整体观理论研究，提出景观整体设计的理论核心是：从现有的"交叉性、阶段性、互动性"，实现"交融性、整体性、互促性"的思想转变。

9.3.1　从"交叉到交融"形成新指导思想

"从交叉到交融"是以实际问题为研究目标，在各学科交叉研究基础之上，突破学科界限，找到学识共性、重点关注共同目标，发挥整个人类的共同智慧，注重学科与知识之间的关联。交融与交叉不同，交融比交叉更具有深度，实现从交叉到交融的思想转变，需要重新界定或认识学科界限。设计学的边界问题源于设计边界的模糊性带来设计边界的扩展。学科交融不仅使得各学科之间互相学习借鉴，还从知识"大融通"视角进行的创新性研究。从交叉到交融的研究避免研究者仅关注各自专业知识，强调以辩证视角整体认识事物。

从交叉到交融的景观整体设计理论，是基于环境与景观设计的学识融通，突破专业或学科界限的阻碍，从环境问题出发，运用设计思维将各学科学识纳入环境设计理论与实践中，并将各学科交叉与融通的知识点转化为学识面，使各知识点交织成新知识面，形成新的指导理论。例如在以往学科研究与发展过程中，生态学与美学结合促成研究者对生态美学的关注，还有环境心理学、环境行为学、社会心理学等学科。环境设计研究的从交叉到交融理念是指立足设计学，着眼于人与环境之间的关系，针对性分析并指出问题，在运用各学科理论成果经讨论反思之后提出新的解决方案。与此同时，更关注研究过程中产生的新思路和新概念，并建立可供论证的理论体系。

9.3.2 从"局部到整体"形成新指导思想

"从局部到整体"是以整体视角看待时间与空间，不局限于某一时间阶段以及某一空间领域，将研究视角拓展至环境整体以及人类整体，避免仅考虑部分的影响，从而获得更大的整体效益。相较于整体层面的效益，阶段效益往往较容易达到，整体效益需要考虑更广权利者和影响因素。米·亚·敦尼克提到"思维是从某种未分化的水平开始自己的历史的，在这种水平上，部分完全溶化在整体中"。中西方文化关注整体思维的不同侧面，整体思维是人类文化发展历史的核心观念。从中国古代的"天人合一"宇宙观、"天人合德"的价值观到西方"万物同源"还原概念都阐述了思维始于整体的哲学观点。

本书以延庆区为例，基于环境与景观发展的历史尺度，立足区域历史关注景观环境更长时期的发展，同时将人与环境的整体效益作为研究原则，深入挖掘其与整个中国大文化之间的关系。在分别研究延庆区的生态景观环境质量、人文景观历史演变、景观文化艺术内容，同时通过辩证性思维讨论并反思各研究部分的结论，以

整体视角看待景观环境。基于景观与环境设计的全生命周期尺度，将景观评价纳入
环境设计理论研究中。

9.3.3　从"互动到互促"形成新指导思想

"从互动到互促"有利于建立更稳健的发展模式，互动是两者或多者之间的交
流与反映，互促更关注于通过建立两者或多者之间的关系达到更大效益。这种互促
关系更有利于实现"对话平台"，有利于维稳整个社会关系。设计学是解决问题的
一门学科。当这种互促关系纳入设计研究中，有助于探索设计共性问题。关于设计
的共性问题，不同领域的设计缺少对话平台、缺乏社会责任。设计概念需要"广义
化"，以"广义设计"的视角"重新发现设计"。

本书以延庆区为例，基于对自然生态、文化生活、艺术审美研究结论并进行辩
证讨论，从环境整体视角反思各研究结论，聚焦于三部分研究工作关注的共同点。
景观设计与人类生活环境密切相关，景观设计领域各研究部分的"互促"关系有利
于发挥景观环境的社会功能。景观环境的社会作用是研究的重点，也是环境学科未
来可持续发展的推动力。基于环境与景观形态的思想基因，深入发掘景观环境的社
会功能，以积极的社会价值观为导向，尤其是以中国传统环境观和审美观为"主动
脉"，发挥中国传统文化审美观对城镇景观、乡村景观、景区景观审美形态的指导
作用，以实现人居环境质量、影响人民心理、提高幸福度、建立健康、生态的理想
人居环境，防止仅变成消费的商品模式，促进中国传统审美文化与人居环境的互
动、融通、共生、互促。

9.4　整体观视野下城郊景观设计的方法

9.4.1　协同设计方法

协同治理兴起于20世纪90年代，成为国内外政府的重要工作方法。协同治理是
应对复杂性、综合性、系统性、整体性治理问题时产生的一种治理理念，是由传统
各部门纵向治理模式转变为基于利益共同体而采取的一种集体行为模式，以发挥相

互协调、共同进步、协同治理的优势。通过对协同治理文献资料的梳理，可知协同治理方法的特点是：从管理型向服务型转变；从二元型向多元型转变；从无保障型向保障型转变。本研究借鉴协同治理研究成果，从协同设计方面构建延庆区景观整体设计的方法。

1. 构建服务型环境设计形态

从原有环境设计注重构筑物等空间形态设计，向服务功能空间、服务体验空间、服务系统空间等方面转变。服务型环境设计需要发现空间各利益主体的内在关联，从环境整体观视角凸显空间中的服务形态，服务型环境设计不局限于某一设计形态，从而实现以环境服务为主旨各种环境设计形态的可能性。

2. 组织多元化环境设计主体

积极吸纳社会组织作为第三方参与决策，基于分层布置与联动协同原则，明确政府在环境营建顶层设计中引导者和设计者角色，并丰富政府职能的新内涵，发挥企业、学者以及民间组织在研究、运营、宣传的作用，依靠媒体与公众的社会监督作用。设计学平台的边界，通过建立设计研究社区、通过各行各业努力共同构建社会模型。

3. 完善机制化环境设计保障

注重完善多元化设计主体的法律保障，明确政府景观整体设计指导理念，规范多元化设计主体的工作原则、工作程序、工作方法等内容；注重优化多元化设计主体的激励机制，保障多元化设计主体的利益共享、利益分配以及利益落实。

9.4.2 闭环设计方法

基于整体观理论，景观整体设计不局限于某一具体类型的环境设计项目，如图9-2所示是从整体环境视角以构建环境设计闭环为核心。针对目前环境设计师追求较短工作时间周期较大效益为目标的工作过程而言，对环境整体的设计不仅仅局限于完成环境设计项目，需要设计师站在更宏观尺度上把控环境中的社会、经济、文化因素及其之间的关系，从更高维度审视环境问题，结合公众与政府需求进行整体设计的过程。如图9-2所示，景观环境整体设计包含从问题导向到制定与实施方案，还包括对设计后评估以及总结与思考，从而实现环境设计闭环。

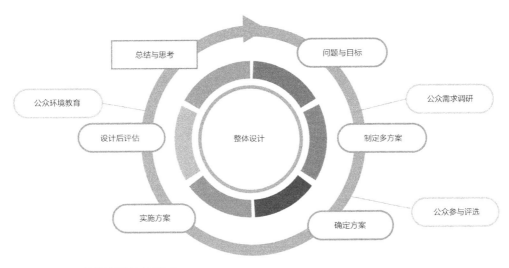

图9-2　景观环境整体设计过程闭环

　　相较于传统景观设计而言，景观整体设计过程完善了两个方面的内容：一是增大公众参与力度；二是增加设计前评估与设计后评估，并进行积极总结与思考。如表9-1所示，对景观环境整体的设计过程可分为调研与目标、设计与实施、评估与总结三部分：调研与制定目标阶段主要基于场地环境评价、调研环境现状与问题，注意公众与相关权利所有者的需求，以此制定环境设计的原则与目标；设计与实施方案阶段主要依据设计目标制定多个概念性方案，组织各领域专家结合公众参与评审以确定设计方案，进一步发展深化设计方案，包括工程估算、施工图绘制及相关设计细节，协调组织管理部门督导施工工作；后评估与总结阶段主要是将环境科学知识普及社会，注重公众环境教育，进一步总结整个设计的优缺点，并思考对未来设计工作的启示。

景观与环境整体设计工作任务及主要操作内容　　　　　　　　　　　表9-1

序号	任务名称	主要操作内容
1	调研与目标	区域/场地环境与景观评价； 调研环境现状与问题、公众及相关权利所有者需求； 制定环境设计原则与目标

序号	任务名称	主要操作内容
2-1	制定多方案	依据目标任务及原则制定方案，涵盖多个概念方案
2-2	确定方案	组织各领域专家结合公众参与、评审确定设计方案； 进一步发展深化设计，如工程估算、施工图及相关设计细节
2-3	实施方案	协调、组织管理单位，督导施工工作
3-1	设计后评估	公众及相关权利者使用环境情况评估、环境影响反馈评估
3-2	总结与思考	落实公众环境教育，将环境科学知识普及社会 总结环境设计过程中出现的问题，思考对未来的启示

9.4.3　设计技术支撑

伴随着数据信息技术不断发展，数据的数量及质量不断提高，景观评价与数据密切相关。美国启动"大数据研究和发展计划"；迈阿密利用大数据信息，节省水资源、改善公共交通；旅游学专家根据消费者习惯规划旅游线路。近年来国内有较多论文从大数据技术在景观评价应用方面，阐述了新技术的发展对景观评价产生的影响。大数据技术包含数据采集、数据存取、数据处理、统计分析和数据挖掘等。大数据的采集是指利用多个数据库来接收发自客户端，基于景观特征信息的收集，大数据概念为延庆区景观评价与整体设计提供强有力的数据支持，并通过数据分析得到准确的评估信息。

郊区位于城市人口郊区化扩散和乡村人口城市化并存的区域，城郊是不断变动发展区，城乡特征同时并存、相互渗透，差异与矛盾鲜明。通过引入环境心理学与环境行为学理论，分析延庆区景观对当地居民产生的生理与心理影响，建立城郊生活行为意识引导机制。将景观环境对居民产生的生理与心理影响纳入整个城郊景观评价体系中，如运用GPS等数据技术分析比较延庆区居民活动信息，科学合理进行景观利用和布局；运用大数据分析方法搜集、筛选并处理分析移动终端及网络数据信息，重点探究景观环境对人的生理与心理影响的变化过程。在提高当地居民景观环境幸福指数，同时建立城郊生活行为意识引导机制，为实现宜居的山水城郊、花园城郊理念提供参考依据。

9.5　本章小结

在近现代科学研究发现、信息技术全球化与资源共享大背景，本章提出立足环境整体视角，从环境实际问题出发，突破学科与专业界限，基于各学科研究中所体现的整体性思维及整体性学说方面，明确整体性思维的理论基础，探索专业学识的融通以及各部门职能协同发展理念。基于前文讨论与研究成果，以延庆区为例，从景观设计理论层、景观设计技术层、景观设计方法层阐述景观的"整体设计"方案：一是提出实现"从交叉到交融、从局部到整体、从互动到互促"景观整体设计理论，二是提出通过"构建服务型环境设计形态、组织多元化景观设计主体、完善机制化环境设计保障"途径的协同设计方法，提出基于整体观实现景观设计过程的闭环。本研究是将延庆区景观评价方法与环境整体设计理念应用于景观建设与政策讨论中，为延庆区未来景观设计与建设提供理论借鉴意义。

10

第
10
章

整体观视野下环境
设计的新发展

1 2 3 4 5 6 7 8 9

　　景观与环境密不可分，景观设计与环境设计一脉相承。课题组在延庆区景观设计策略研究过程中，还进一步探讨整体观在环境设计学术研究与学科发展层面的借鉴意义。在新时代背景下，环境认知呈现更丰富、更复杂、更综合的维度，而整体、协同、合作是当代环境各专业研究的迫切要求，环境整体思维是环境设计实践与理论研究的关键。本章在整体观视野下，探讨环境设计教育教学理念与方法的"整体与融通"，"融通"是探究环境设计学识间的融合与共通，强调环境设计相关学科间的交融与互通，进一步讨论环境设计的学术研究以及环境设计学科的发展趋势。

10.1　环境设计研究的新方向①

10.1.1　环境设计的大融通

　　爱德华·威尔逊在《知识大融通》中提到17、18世纪的启蒙思想家认为物质世界是有规律的、知识具有内在的统一性，人类进步的潜能是无限的，早在《论人性》中已从论述生物学所面临的困境问题，提出需要把人性研究作为自然科学的一部分，也就是把自然科学及人文学科统一起来。设计作为交叉学科研究需要发现设计与相关学科的融通共性，共性研究是实现学术新高度的重要方法。设计学引入多元化学科知识的同时，更应重视各学科知识之间的统一性，探索学术研究的潜能。所以，环境设计未来发展目标应实现从整合到融通的理念探索，实现从跨学科到超学科的方法探索，实现从主客二分到主客统一的实践探索。

10.1.2　环境设计的全生命周期

　　人类属于环境，其创造性设计活动也属于环境中的一部分。设计活动取之于环境、用之于环境、弃之于环境，必须遵循自然环境的法则。在设计产品的全生命周期中（包括设计、原材料提取、制造、包装、销售、使用、回收与处置等环节），

---

① 本部分内容节选自课题组成员阶段性成果——宋立民，田培. 当代设计学科的六个研究课题 [J]. 艺术教育，2017（23）: 29-31.

经济成本的30%~60%、环境成本的60%~80%是在设计这一环节中被决定的。设计环节应该像重视对经济成本的分析一样，重视对环境成本的分析，尤其是设计人员的环境成本意识和生态设计手段是设计学学科建设、理论研究以及实践应用完善与发展的关键。设计中构建生态过失机制在规范设计活动的同时有利于增加环境保护的广度。环境成本与生态过失问题是设计学，特别是对环境设计评判的重要衡量依据。保护环境的监管制度不仅涉及实施部门，设计全生命周期存在的潜在生态隐患也不容忽视。

10.1.3　环境设计的数据研究范式

大数据颠覆了设计领域旧有观念和设计方法，大数据是对现有技术的重新建构，通过全面采集、高速运算、分析有价值的数据形式，数据价值与趋势是大数据关注的重点。大数据应用强调近似整体的样本数据信息，注重探索事物之间的相关性。大数据研究区别于以统计年鉴为代表的传统数据研究方法，其中公众参与及数据形式是大数据研究的重要特征。基于学术潮流及现实需要，大数据技术与方法被广泛应用于旅游、经济、政治、规划、医疗、社交及教育等领域中，并积极建构各领域中新型公众参与模式。

大数据研究作为一种新研究范式，其研究内容是利用环境中文本、图像、影像、位置等数据；其研究来源于互联网、物联网、移动通信、感知器等载体；其研究方法是通过购买数据、实地采集数据、开源数据、申请政府平台数据等途径获得数据，目前较多采用爬虫技术采集分析网络中的开源数据，分析环境中的使用度、需求度、关注度等问题。另外，大数据分析方法不同于因了分析、回归分析、因子分析等传统数据分析方法，通过高效的模型算法分析数据的价值。

在人的生活环境不断数据化的背景下，大数据将不断渗透到工业设计、建筑设计、室内设计及信息设计领域。因此，基于传统设计体系，应充分利用大数据新研究方法、论述方式以及评价标准的优势，从而增强设计研究的科学性与先进性。

10.1.4　环境设计的生活方式研究

生活方式的"进步"与生活方式研究的"滞后"：格特·斯帕加伦（Gert Spaargaren）

认为生活方式反映了个人的态度、生活方式、价值观或世界观。林恩·R. 卡利（Lynn R. Kahle）认为生活方是指个人、群体、文化的行为取向。生活方式是人类生活中的行为方式与思维方式，广义的生活方式是指与人类相关的所有生活方式；狭义专指人类的日常生活中关于衣食住行乐内容。"将来"生活方式研究是与"未来"相比，更实际的研究节点。对"将来"生活方式的研究可更好地指导我们的实践应用需要。目前是科学引领的时代，人们生活方式的"进步"与生活方式研究的"滞后"形成鲜明对比，生活方式研究是保障人们生活健康发展的基石。

生活方式的"渐变"与"巨变"：从埃及园林住宅图到路易十四的凡尔赛宫设计，从秦汉礼仪空间画像砖到韩熙载夜宴图，古代人的生活方式经历了"渐变"的过程，基于农耕文明的中国古代传统生活方式变化更稳定。伴随工业时代与信息时代的发展，人们的生活方式正在产生"巨变"。互联网、共享经济、新消费方式是改变当代生活方式的主要力量。科技因素是生活方式研究的重点，科技与现实环境推动具有改变生活方式的革新意义。

生活方式影响下的设计形态：生活方式与设计是相辅相成的，设计具有改变生活方式发生"巨变"的力量，生活方式又是促进设计进步的主要推动力。在人类生活方式演变过程中，促进生活方式产生巨变的设计：石器、文字与想象力、铁器、人体工学、城市、汽车、手机是影响人们生活方式改变的重要物质表现。从古至今人类生活发生的巨变，主要体现在生活方式的变化。因此，设计研究应掌握传统生活方式发展的脉络、探索生活方式的演变规律，认识到今天的生活方式深刻影响当代的设计，尤其是当代人类生活信息化和智能化特征丰富了设计的表达形式，设计形态趋向多样化。

10.1.5 环境设计的哲学研究

传统美学与当代美学的矛盾：传统美学是以艺术为主要研究对象，运用哲学观点探讨艺术问题，运用艺术来探讨美的哲学。当代美学对传统美学将艺术审美作为主导标志提出质疑，两者从审美对象、审美方式以及审美标准等方面有分歧。当代美学认为审美标准不仅在于线条、色彩、构图及造型等视觉因素，还应将生态特征及生态系统概念纳入美学框架中。程相占认为生态美学与环境美学是当代具有代表性的美学研究，生态美学批判以人类中心主义的审美，强调应将"交融审美"代替主客二分的传统审美模式，并且生态审美提出了审美与伦理关系的思考。约·瑟帕玛（Yrjo Sepanmaa）认为环境美学探讨现实环境中的美学，与艺术想象的美学相对立，美的层面从浅层美扩展到深度美。

美学是有关审美的哲学研究，而审美与设计的形式密切相关。设计需要提高自身的理论高度，需要科学合理的哲学思想作指导。设计作为时代发展的核心驱动力和资源。宋慰祖认为设计界有必要、也必须沉下心来去研究其学术基础、理论本质和方法论。宋立民指出传统美学是中国乃至世界大部分国家艺术与设计教育的主要理论来源，传统美学的审美认知经验和艺术规律，如对称、均衡、节奏、对比、变化、统一等形式美原则一直左右着艺术与设计的审美方法和评价模式。设计哲学应该吸收当代美学对环境与生态的思维方式和逻辑方法，特别是整体性和系统性的认识，即将人与地球生态圈、宇宙环境看成一个生态系统的思想。然而也应该认识到，当代全球学者对环境美学理论的研究尚属开端，其在宏观目标与大尺度自然环境（大环境）领域的研究比较深入，但对城市环境、人工技术环境以及中、小尺度环境（小环境）与美学关系的研究多有欠缺，对这些理论盲区的探讨，应是当代环境设计专业理论建构的主要课题。维克托·玛戈林（Victor Margolin）认为设计在处理人与自然环境中发挥重要的作用。设计实践与哲学理论的研究也有助于环境美学的发展。另外，生态美学与环境美学认为审美应该建立在科学知识基础之上，深层生态学知识、环境与生态科学知识也应被纳入设计哲学的构建中。

10.1.6　环境设计的共同体视角

在经济全球化与资源共享背景下，当代中国设计保持积极的发展态势。根据美国《工程新闻记录》（ENR）期刊历年来关于国际市场最大200家设计公司的统计情况，中国设计公司设计营业额主要分布在亚洲、中东、非洲地区，并逐步进军欧洲、加拿大和拉美市场。国内外新闻媒体争相报道北京设计周活动，2015年北京国际设计周首次出现在中东地区展会，2017年北京国际设计周新闻发布会重点强调要关注设计作为一种方法论对推动国家经济转型，优秀传统文化传承创新，构建高精尖产业结构，产业结构转型、优化、升级等作用。优秀设计奖的设置起到规范设计活动、提高设计发展水平的作用，如德国IF设计奖和红点奖。中国设计设置创新设计红星奖，在加快本土企业与国际接轨的步伐同时，红星奖还向国际设计界介绍中国设计，有力推动了国内整体设计水平。

环境设计与国家战略挂钩。设计作为推动国家经济转型重要的科学方法论，在国家产业发展中担负"转型、优化、升级"的重要任务。设计与国家战略密切相关，设计应与国家战略挂钩。中国"一带一路"建设取得瞩目成果，将持续并不断推进，并与多国实现政策对接。2017年暑期清华大学Go Practice海外实践项目，设计学专业博士生到"一带一路"沿线中资企业开展实践。"一带一路"倡议也为中国设计界创造机遇，提出了中国设计走向世界的宏伟愿景。十九大报告第九部分明确提出加快生态文明体制改革，建设美丽中国政策。中国设计应努力探索生态与设计的融通关系，深入探究生态伦理、生态价值在设计中的应用。中国设计不仅要继续坚持环境保护主题，还要关注弱势群体，发挥设计的创造力努力建设美丽中国的愿景。

10.2 环境设计学科的新趋势

中国的环境设计学科从60多年前诞生之日起，就是独具中国特色的特有学科，在世界各国较难找寻到与之对应的类似学科或院系。认识到这一点就会让我们学会自己探索独特路径，而不是依赖参照物或现成模式。20世纪80年代，环境艺术设计通过实践去完成理论体系的建构。环境设计不是建筑设计、城市设计、风景园林设计等学科在实践中矛盾调和的粘合剂，而是以实践发展起来的设计门类。

10.2.1 整体思维有益于设计

设计有广义与狭义之分，广义的设计是指人类有史以来一切创造活动，狭义的设计特指某领域或学科的设计创意过程。1998年国家教育部颁布修订的学科目录中将"艺术设计"替代原来"工艺美术"学科用语以来，2012年颁布《普通高等学校本科专业目录和专业介绍》将设计学类从美术学分类中独立出来，下设艺术、设计学、视觉传达设计及环境设计等八个专业。设计学是一门新兴的学科。设计学不同于其他艺术学，设计与特定的物质生产、经济发展、科学技术密切相关，这使得设计学本身兼具自然科学的客观特征，而且设计又是艺术视觉化和科学技术商品化的载体，是一门艺术与科学的交融学科。设计与人、自然环境相关，设计学因而具有社会伦理特征。

目前国内设计领域以及学科建设存在的问题有：一是还处在不断探索阶段，没有达成统一的发展理念共识；二是国内设计领域与学科建设虽重视交叉研究方法，却忽视了各学科之间的共性，缺乏对学识结构整体性的研究；三是国内设计学教育多倾向于注重对设计技能的师承传授，缺乏对设计学科理论关于思考与创新的深入认识。

在日益严峻的生态环境危机现实面前，设计应承担相应的责任与义务。环境与生态是20世纪60年代以来各领域密切关注的话题，设计与人居生活环境息息相关，设计理论与实践活动理应承担相应的环境责任与义务。在设计理论与实践领域应重视设计中的环境问题，其中环境意识与生态过失问责机制是设计应重点研究的课题。在设计中应充分考虑其对环境与生态所造成的影响，而生态过失机制是规范设计理念的科学方法，环境成本意识增加了设计理论研究的深度与广度。

在当代环境设计的评价标准中，美学多而生态少，或美学少而生态多，单独强调某一方面。所以，设计中存在很多"看上去很美"但实质是损害环境整体利益的设计，或者有些设计虽然满足生态与功能需求，但又缺乏"审美"考虑。当代设计理论研究多以艺术哲学为主导，特别是在环境设计研究中主要以传统艺术法则为标准，如环境设计理论研究多涉及艺术美学、人文学科内容，环境设计实践多以艺术化效果图及形式感理念为标准，在实践与理论中都极缺乏对环境问题的深层理解。这种从艺术形式上评测出的优秀设计并不一定有益于环境整体系统，部分设计自始至终未考虑环境与生态影响，或只是形式上模仿生态理念。现阶段设计研究多从艺术角度出发，或生态角度，在视觉形式研究设计而忽略了设计的整体意义，特别是要认识到设计不仅要为人类服务还要着眼于整个环境。将整体性思维应用于设计研究中，有助于设计指导思想多元化，更科学化。

10.2.2　环境设计教育需要整体性思维

相关学者指出中国高校学科壁垒问题有：一是院校林立、组织隔离、跨学科研究难开展；二是学科分割、资源封锁、跨学科组织难确立；三是教育单一、视野偏狭、跨学科观念难提升，所以中国高校学科壁垒的融通新路径，即"大智慧型"学科专业结构。教育需要整体思维，曾水兵提出教育现代性危机是现代性危机在教育领域的体现，教育现代性危机的根源是需要通过重建"人"的整体性观念，探索"整体人"观念事业下教育的发展路径，即从单向性到整体性。朱力认为环境艺术设计人才应具备良好的整体素质和各类专门知识的融会，以及运用于实践的执行能力，还应敏感于环境与更为广泛的社会、政治、文化、经济、技术等之间内在的连续性。设计学研究偏重实践并忽视理论研究，在理论研究中坚持以传统的"艺术哲学"为指导。设计学不同于纯艺术学，设计学应包含社会学、环境学、生态学、经济学及法学等理论指导，因此设计学不应只以艺术理论为指导方向，应坚持在各学科综合交叉方法研究基础之上探索学科的交融式发展。马克思主义哲学认为，感觉了的东西不一定理解它，而理解了的东西可以更好地感觉它。长期以来，在理论与实践研究中对设计学的地位和作用的界定并不准确。设计学应该是多学科交叉的综合性研究，学识共通与协同设计不仅关系到设计学科的发展，而且与人类生活方式与质量密切相关。

在环境设计学科的理论探讨与教学过程中，除了已有的艺术学、建筑学、风景园林学等理论课程外，应加入对当代环境学、生态学、人类学、地理学、社会学等学科的研究，特别是在环境设计中强调环境学、生态学科知识，从课程设置、理论探讨、方案实施都需要环境和生态等理论的渗透并重新诠释。设计学与环境学、生态学在本质上具有一致性，设计学需要环境成本审核、生态过失机制增加设计研究的深度。环境学理念已上升至一定高度，但应用实践问题一直是学术界讨论的话题，生态学也需要与设计学相结合，促进产生具有现实意义的创新理论研究模式。另外，设计理论与实践研究也促进环境学、生态学、经济学、法学研究的广度。

10.2.3 环境设计理念应重回"整体观"

全球化4.0时代新特征背景下，学者们认为中国将重回世界之巅。"中国建筑设计走向世界可喜可期"，2011年吴良镛获得"国家最高科学技术奖"以及2012年王澍获得"普利兹克建筑奖"，这两项殊荣表明中国建筑设计已得到国家和国际的认可。相比国际设计的历史和成果，中国设计在设计理念、学术交流和设计实践等方面还存在较大差距，也应该认识到中国设计自身理论建设的不足。中国设计应努力探索设计学识结构与融通关系。

因此，"环境整体设计"是国内设计领域以及教学体系发展的趋势。在环境设计学理论与实践研究中，不仅运用交叉学科方法，还应探究各学科学识共性，用整体观梳理设计学与相关学科之间的内在统一性，整体性审视和应用是设计教育体系发展的趋势。

10.2.4 当代环境设计专业的新格局[①]

作为肩负探索环境设计专业未来方向的"使命人"，应该思考与规划当代环境设计专业的发展方向。经过几十年的探索与发展，环境设计专业共同体已经是一个很大体量的系统与格局，首先，保持其稳定性与持续性是必要和必须的。其次，探讨其在信息时代的新定位是学科专业能否可持续发展的关键。

"融广域、致精微、兼虚实"是环境设计专业在当代定位与格局的一个概括。"融广域"是指曾经是中国最早实践跨学科的专业，在今天应该保持开放、更加开放，在"跨"的基础上"融"：更多的学科与专业交叉并深层次地融合为新的学科形态。在1957年，中央工艺美术学院室内装饰系的成立是将美术学与建筑学进行了跨学科交叉。当代环境设计专业的跨学科应该涵盖更多的学科进来，包括但不限于哲学的社会学、美学；工学的建筑学、城乡规划学、风景园林学、测绘学、计算机学、土木工程学、环境工程学等；理学的物理学、心理学等；农学的园艺学、自然保护与环境生态学；文学；艺术学的其他专业；管理学、经济学等。以上这些学科或专业，将成为环境设计专业新的跨学科内涵或学科交融的目标。应该看到，跨学科与学科交融是两个程度不同的状态，跨学科是在自己学科的基础上"跨出"或"跨入"其他学科的过程，跨学科是"有我"状态，而学科交融是几个学科专业混合交融出现的新学科状态，是"无我"状态，如设计学科下的信息艺术设计专业就是平面设计+计算机+工业设计+N学科，融会贯通出的新学科。这样的学科交融下的新学科是今后教学领域改革创新的主要方向。在这一融合的形态面前，相关学者应保持整体视域和宽广胸怀，敞开双臂迎接不断的变革是学者与研究者应该具备的基本素养。

"致精微"有两层概念。一是环境设计专业是空间设计全过程序列中的末端专

---

① 本部分摘录于《设计》杂志访谈宋立民教授的部分内容。

业，如果把国土规划称为宏观、城市设计与建筑设计称为中观，环境设计则为微观。环境设计是起始于宏观、中观，落地于微观的专业，这一微观视角聚焦于人类生活方式中与生理、心理、日常行为、美学相关的种种细微之处，是人类的"贴身设计"专业。所以对它的研究应落实于精微之处，不只是对空间尺度的精微研究，也是对心理尺度、时间尺度、感官尺度（五感与身体）的精微研究；"致精微"的第二层意义是"精准设计"的概念。实现当代可持续发展战略的一个有效手段就是精准设计，依据生态原则、引入产品全生命周期理念、从宏观整体审视空间设计方方面面与所有细节，通过"精准设计"减少和杜绝环境空间与能源、材料等方面的浪费，把好终端设计的关卡。

"兼虚实"是指环境设计专业在设计学科中是负责空间设计领域的专属专业。以往的空间设计是物理空间的设计，最终设计成果要落实到物理空间设计实体中。而在互联网时代，虚拟空间是一个崭新的空间领域，目前涉及影视虚拟场景、游戏虚拟场景、AI虚拟场景等，今后会有更多的发展路径。虽然是虚拟，但仍然是空间属性。"兼虚实"也就是说，环境设计专业要承担起虚拟空间设计这一时代新任务，且责无旁贷。如同环境设计专业历史上在建筑装饰（1950年代）、室内设计（1980年代）、景观设计（1990年代）领域开疆拓土一样，当代环艺人应该肩负起虚拟空间设计这一新添的"半壁江山"新使命。其实，对于虚拟空间，环境设计专业并不陌生，以往物理空间实体设计过程中的"前半场"其实就是虚拟空间设计，用效果图、平立面图搭建起的虚拟物理空间，经过施工工程转译为物理实体空间。如果把虚拟空间设计用计算机编程完成"施工搭建"则就是虚拟空间设计了。由于环境设计专业在学科教育中对其学生在艺术创造力与想象力方面的塑造与强调，也由于减少了在物理空间设计中诸如建筑规范等的束缚，使环境设计专业的学生与研究者一定能在未来虚拟空间设计领域中有更精彩、意想不到、令人拍案叫绝的出色发挥。

插图清单

表格清单

参考文献

[1] [清] 赵吉士. 寄园寄所寄录 [M]. 上海：上海大达图书供应社，1935：121.

[2] [宋] 沈括. 梦溪笔谈 [M]. 吉林：延边人民出版社，1997：391.

[3] Appleton. J. Landscape in the arts and the sciences [M]. UK: University of Hull, 1980.

[4] Appleton. J. Experience of landscape [M]. John Wiley & Sons Inc，1975.

[5] Callicott. B. Earth's Insights [M]. Berkeley University of California Press，1997：78.

[6] Cosgrove. D. Social formation and symbolic landscape [M]. Barnes and Noble，Totowa-NJ，1984.

[7] Dauksta. D. Chapter9, New perspectives on people and forests, Landscape Painting and the forest-the influence of cultural factors in the depiction of trees and forests [M]. Ritter. E and Dauksta. D ed. world forest，Springer，2011.

[8] Debord. G. Society of the Spectacle [M]. Black& Red: Detroit.1970.

[9] Gallent. N，Juntti. M，Kidd. S. Chapter4，Changing Environment and Planning，Introduction of Rural Planning [M]. Routledge，2008.

[10] Hettne，Bjorn. Development Theory and the Three Worlds [M]. Essex: Longman，1995.

[11] Hillier. B，Hanson. J. The social logic of space [M]. Cambridge University Press,1984.

[12] Hillier. B. Space is a machine：A configurational theory of architecture [M]. Space Syntax，2007.

[13] Lefebvre. H. From Absolute space to abstract space，Chapter4，The production of Space [M]. Blackwell: Carmbridge, 1984.

[14] Lefebvre. H. The Production of Space [M]. Nicholson-Smith. D Trans. Wiley-Blackwell，1974.

[15] Mitchell. W. J. Me++: the cyborg self and the networked city [M]，London: The MIT Press，2004.

[16] Naveh. Z，Lieberman. A. S. Landscape Ecology Theory and Applications（2nd ED）[M]. Springer-Verlag: New York,1993.

[17] Ulrich. B. Risk Society: Towards a new modernity [M]. SAGE Publications Ltd,1992.

[18] Wolfgang F. E. Preiser, Harvey Z. Rabinowitz, Edward T. White. Post Occupancy Evaluation [M]. New York: Van Nostrand Reinhold. 1988: 3.

[19] Callicott J B. Earth 's Insights' [M]. University of California Press, 1994.

[20] Debord. G. Society of the spectacle [M]. Detroit: Black &Red Translation, 1970.

[21] Dondis. D. A. A primer of visual literacy [M]. Mit Press, 1974.

[22] Lynn R. Kahle, Angeline G. Close. Consumer Behavior Knowledge for Effective Sports and Event Marketing [M]. New York: Routledge, 2011.

[23] Makhzoumi J. , Pungetti G.. Ecological Landscape Design And Plavnning [M]. Spon Routledge, 1999.

[24] 常锐伦. 绘画构图学 [M]. 北京: 人民美术出版社，2008: 167-221, 267-335.

[25] 程相占. 生态美学与生态评估及规划 [M]. 郑州: 河南人民出版社，2013: 73-85.

[26] 杜威. J. 经验与自然 [M]. 傅统先，译. 南京: 江苏教育出版社，2005.

[27] 范学新，等. 妫川壁画——探密在残垣古庙内的妫川文化 [M]. 北京: 中国商业出版社，2010.

[28] 冯友兰. 新原人 [M]. 台湾: 商务印书馆，1945.

[29] 弗兰克·劳埃德·赖特. 建筑之梦 [M]. 于潼，译. 济南: 山东画报出版社，2011: 3-4.

[30] 国家文物事业管理局. 新中国文物法规选编 [M]. 北京: 文物出版社，1987.

[31] 国务院学位委员会第六届学科评议组. 学位授予和人才培养一级学科简介（1305设计学）[M]. 北京: 高等教育出版社，2013: 416.

[32] 蒋跃. 绘画构图与形式 [M]. 北京: 人民美术出版社，2015.

[33] 进士五十八. 乡土景观设计手法 向乡村学习的城市环境营造 [M]. 李树华，杨秀娟，董建军，译. 北京: 中国林业出版社，2008: 1.

[34] 康大筌. 摄影构图学 [M]. 成都: 四川美术出版社，2005: 61-67, 86.

[35] 克莱门茨，罗森菲尔德，姜雯. 摄影构图学 [M]. 北京: 长城出版社，1983: 137.

[36] 雷毅. 深层生态学: 阐释与整合 [M]. 上海: 上海交通大学出版社, 2012: 149-150.

[37] 蕾切尔·卡迅. 寂静的春天 [M]. 李长生, 吕瑞兰, 译. 长春: 吉林人民出版社, 1997.

[38] 李立. 乡村聚落: 形态、类型与演变: 以江南地区为例 [M]. 南京: 东南大学出版社, 2007, 3.

[39] 李天祥. 色彩之境 色彩美研究 [M]. 北京: 化学工业出版社, 2015.

[40] 林钰源. 构图学 [M]. 北京: 高等教育出版社, 2006: 16-68.

[41] 刘滨谊. 风景景观工程体系化 [M]. 北京: 中国建筑工业出版社, 1990: 10.

[42] 刘继潮. 游观中国古典绘画空间本体诠释 [M]. 北京: 生活·读书·新知三联书店, 2011.

[43] 鲁苗. 环境美学视域下的乡村景观评价研究 [M]. 上海: 上海社会科学院出版社, 2019.

[44] 路康, 拉尔斯·莱勒普, 麦可·贝尔. 光与影 [M]. 吴莉君, 译. 台湾: 原点出版, 2010, 7-49.

[45] 马良书. 中国画形态学 [M]. 北京: 清华大学出版社, 2011: 57.

[46] 纳尔逊·古德曼, 古德曼, 彭锋. 艺术的语言: 通往符号理论的道路 [M]. 北京: 北京大学出版社, 2013: 175.

[47] 邵宇, 秦培景. 全球化4.0: 中国如何重回世界之巅 [M]. 桂林: 广西师范大学出版社, 2016.

[48] 史蒂文·C.布拉萨. 景观美学 [M]. 彭锋, 译. 北京: 北京大学出版社, 2008: 3.

[49] 滝本孝雄, 藤沢英昭. 色彩心理学 [M]. 北京: 科学技术文献出版社, 1989: 1-2.

[50] 宋国熹. 延庆五千年 [M]. 2006.

[51] 王璜生. 中国画艺术专史: 山水卷 [M]. 南昌: 江西美术出版社, 2008: 226-228.

[52] 文金扬. 绘画色彩学 [M]. 济南: 山东人民出版社, 1982: 29.

[53] 吴家骅. 景观形态学 [M]. 叶南, 译. 北京: 中国建筑工业出版社, 2006: 27.

[54] 吴良镛, 广义建筑学 [M]. 北京: 清华大学出版社, 1989: 187.

[55] 小林重顺. 色彩心理探析 [M]. 北京: 人民美术出版社, 2006: 88.

[56] 熊炜. 绘画色彩研究 [M]. 沈阳: 辽宁美术出版社, 2006.

[57] 徐红年. 延庆史话 [M]. 西安: 陕西旅游出版社, 2005: 1.

[58] 延庆区文化委员会. 延庆文化文物志·文化卷 [M]. 北京: 北京出版社, 2010: 192-193, 291-306.

[59] 延庆区志委员会. 延庆区志 [M]. 北京: 北京出版社, 2006.

[60] 闫希军. 天人合一的价值本原 [M]. 北京: 人民出版社, 2017.

[61] 业祖润. 北京民居 [M]. 北京: 中国建筑工业出版社, 2009.

[62] 伊恩·罗伯茨. 构图的艺术 [M]. 上海: 人民美术出版社, 2017: 19-26.

[63] 俞孔坚. 景观: 文化、生态与感知 [M]. 北京: 科学出版社, 1998: 40.

[64] 约瑟帕玛. 环境之美 [M]. 长沙: 湖南科学技术出版社, 2006: 25, 28.

[65] 张东. 中原地区传统村落空间形态研究 [M]. 北京: 中国建筑工业出版社, 2017: 10.

[66] 朱廷勋. 大数据时代的心理学研究及应用 [M]. 北京: 科学出版社, 2016: 4.

[67] 弗里乔夫, 卫飒英, 等. 转折点: 科学、社会和正在兴起的文化 [M]. 成都: 四川科学技术出版社, 1988.

[68] 李哲. 基于当代生态观念的城市景观美学解析 [M]. 天津: 天津大学出版社, 2016.

[69] 钱学森. 钱学森讲谈录: 哲学、科学、艺术 [M]. 北京: 九州出版社, 2013.

[70] 吴家骅, 叶南. 景观形态学: 景观美学比较研究 [M]. 北京: 中国建筑工业出版社, 1999.

[71] A. 奈斯, 雷毅. 浅层生态运动与深层、长远生态运动概要 [J]. 哲学译丛, 1998 (04): 63-65.

[72] Anthony Giddens. The Constitution of Society [M]. Cambridge: Polity Press, 1986.

[73] Antrop. M, Van Eetveld. V. Holistic aspects of suburban landscapes: Visual image interpretation and landscape metrics [J]. Landscape and urban planning, 2000 (50): 1-3, 43-58.

[74] Beglane. F. Forests and chases in medieval Ireland, 1169-c.1399 [J]. Journal of historical geography, 2017, 59: 90-99.

[75] Bell, S. Elements of visual design in the landscape: Taylor & Francis [M]. 2004.

[76] Bocking, S. Science and conservation: A history of natural and political landscapes [J]. Environmental Science and Policy, 2018.

[77] Mahadin Kamel Ottallah. Preservation of a campus landscape: the Main Quadrangle at Louisiana State University and A & M College as a case study [M]. Texas A&M University, ProQuest Dissertations Publishing, 1987.

[78] Bukvareva, E The optimal biodiversity-A new dimension of landscape assessment [J]. Ecological Indicators, 2018.

[79] Consoli. G. The emergence of modern mind: An evolutionary perspective on aesthetic experience [J]. Journal of Aesthetic and Art Criticism, 2014, 72 (1): 37-55.

[80] Co-presence. "Space syntax theory defines Co-presence as the group of people who may not know each other, or even acknowledge each other, who appear in space that they share and use. Co- [resents people are not a community, but they are said to be the ra material for the creation of a community, which may in due course become activated, and can be actavted if it becomes necessary" Hillier. B, Space is the Machine: A configurational theory of architecture, 1996, 2007.

[81] Fumihiko Maki. Investigations in Collective form [J]. Washinton University. 1964.

[82] Gobster. P, Ribe. R, Palmer. J. Themes and trends in visua assessment research: Introduction to Landscape and Urban Planning special collection on the visual assessment of landscape [J]. Landscape and Urban planning, 2019.

[83] Lennon. Jan. L. A history of change aesthetic value in the Yarra Valley landscape, Victoria [J]. Geography Research, 2015, 55 (3): 283-292.

[84] Li. B. L. Why is the holistic approach becoming so important in landscape ecology[J]. Landscape and Urban planning, 50 (1-3), 2000: 27-41.

[85] Marcucci D. J. . Landscape history as a planning tool [J]. Landscape and Urban Planning, 2000, 49 (1-2), 67-81.

[86] Margolin V. Doctoral Education in Design：Problems and Prospects [J]. Design Issues，2010, 26 (3)：70-78.

[87] Mari Sundli Tveit，Åsa Ode Sang. Key concepts in a framework for analysing visual landscape character [J]. Landscape Research, 2006, 31 (3), 229-255.

[88] Nassauer, J. I.. Culture and changing landscape structure [J]. Landscape Ecology，1995, 10 (4), 229‐237.

[89] Odum，E. P. Strategy of Ecosystem Development [J]. Science，1965, 164 (3877)：262-270.

[90] Olwing K. R. Representation and Alienation in the Political Landscape [J]. Cultural geographies，2005, 12：19-40.

[91] Palang. H, Mander. U, Naveh. Z. Holistic landscape ecology in action [J]. Landscape and Urban Planning，2000，50：1-6.

[92] Peponis. J, Ross. C, Rashid. M. The structure of Urban Space，Movement and Co-presence：The case of Atlanta [J]. Geofourm，1997, 28 (3-4)：341-358.

[93] Simensen，T.，Halvorsen，R.，Erikstad，L.. Methods for landscape characterisation and mapping: A systematic review [J]. Land Use Policy，2018, 75 (4)：557‐569.

[94] Tomlinson. M. Lifestyle and Social class [J]. European Sociological Review，2003，19 (1)：97-111.

[95] Tudor. C. An approach to landscape character assessment [R]. Natural England. 2014.

[96] Tveit. M, Ode. A, Fry. G, Key concepts in a framework for analysing visual landscape character [J]. Landscape Research，2006，31 (3)：229-255.

[97] Whitehand. J. W. R. British urban morphology: the Conzenian tradition [J]. Urban Morphoogy，2001，5 (2)：103-109.

[98] 鲍梓婷，周剑云. 当代乡村景观衰退的现象、动因及应对策略 [J]. 城市规划，2014，38 (10)：75-83.

［99］曾永年，何丽丽，靳文凭，等. 长株潭城市群核心区城镇景观空间扩张过程定量分析［J］. 地理科学，2012，32（5）：544-549.

［100］陈传康. 景观概念是否正确？［J］. 地理学报，1957（1）：101-115.

［101］陈晓华，张小林，梁丹. 国外城市化进程中乡村发展与建设实践及其启示［J］. 世界地理研究，2005（3）：13-18，49.

［102］程洁心. 大数据背景下基于GIS的景观评价方法探究［J］. 设计，2016（1）：52-56.

［103］戴代新，李明翰. 美国景观绩效评价研究进展［J］. 风景园林，2015（1）.

［104］邓颖贤，刘业. "八景"文化起源与发展研究［J］. 广东园林，2012（2）.

［105］丁金华，陈雅珺，胡中慧，等. 低碳旅游需求视角下的乡村景观更新规划——以黎里镇朱家湾村为例［J］. 规划师，2016，32（1）：51-56.

［106］董志. 利用空间面——面叠置分析实现在线地理数据的信息挖掘［J］. 电脑编程技巧与维护，2015，13：5-16.

［107］杜娟，宋宏宇. 日本建筑的共生理念［J］. 建筑知识，2003（5）：49.

［108］范冬萍，张华夏. 突现理论：历史与前沿——复杂性科学与哲学的考察［J］. 自然辩证法研究，2005（6）：5-10.

［109］方晓风. 环境意识进阶［J］. 住区，2015（3）：12-17.

［110］傅克诚. 日本的现代建筑家楨文彦［J］. 建筑学报，1987（3）：71-77.

［111］高翔. 大数据应用的现状及展望［J］. 电子世界，2016（18）：32-32.

［112］顾玄渊. 历史层积研究对城市空间特色塑造的意义——基于历史性城镇景观（HUL）概念及方法的思考［J］. 城市建筑，2016（16）：41-44.

［113］郭春梅. 延庆区妫水河流域生态建设实践［J］. 北京水务，2015（3）：59-62.

［114］郭杰，丁冠乔，刘晓曼，等. 城镇景观格局对区域碳排放影响及其差别化管控研究［J］. 中国人口·资源与环境，2018，28（10）：55-61.

［115］国一鸣. 楨文彦与新陈代谢派［J］. 建筑创作，2013（Z1）：106-109.

［116］韩东方，王岩峰，晏颖，等. 延庆区妫水河水环境保护与治理的思考分析［J］. 北京水务，2015（6）：16-18.

［117］韩锋. 文化景观：填补自然和文化之间的空白［J］. 中国园林，2010，26（9）：7-11.

［118］黄杉，武前波，潘聪林. 国外乡村发展经验与浙江省"美丽乡村"建设探析［J］. 华中建筑，2013，31（5）：144-149.

［119］黄欣荣. 从复杂性科学到大数据技术［J］. 长沙理工大学学报（社会科学版），2014，29（2）：5-9.

［120］金吾伦. 巴姆的整体论［J］. 自然辩证法研究，1993，9，1-12.

［121］凯瑞斯·司万维克. 英国景观特征评价［J］. 世界建筑杂志社，2006：23.

［122］李海燕，张东强. 诺邓古村落空间形态研究［J］. 山西建筑，2012，38（36）：9-11.

［123］李和平，孙念念. 山地历史城镇景观保护的控制方法［J］. 山地学报，2012，30（4）：393-400.

［124］李启明. 日本新陈代谢学派与城市设计分形学的关联性初探［J］. 68-69.

［125］李瑞霞，陈烈，沈静. 国外乡村建设的路径分析及启示［J］. 城市问题，2008（5）：89-92，95.

［126］梁发超，刘诗苑，刘黎明. 近30年厦门城市建设用地景观格局演变过程及驱动机制分析［J］. 经济地理，2015，35（11）：159-165.

［127］林万祥，肖序. 论企业环境管理的成本效益分析［J］. 会计之友，2003（1）：4-5.

［128］刘滨谊. 风景景观概念框架［J］. 中国园林，1990（3）：44-45.

［129］刘海龙. 清华校园生态景观的建成后评估——以胜因院为例［J］. 《住区》，2018（1）：96-101.

［130］刘海玮，亓俊华，张百平. 中国建筑设计走向世界可喜可期［J］. 建筑，2012（19）：8，21-22.

［131］刘黎明，李振鹏，马俊伟. 城市边缘区乡村景观生态特征与景观生态建设探讨［J］. 中国人口·资源与环境，2006（3）：76-81.

［132］刘玉明，张静，武鹏飞，等. 北京市妫水河流域人类活动的水文响应［J］. 生态学报，2012.

［133］卢福营. 城郊村（社区）城镇化方式的新选择［J］. 社会科学，2016（10）：78-84.

［134］卢梅，孙莹莹，郑涛. 中国设计公司国际化水平研究——基于国际市场最大200家设计公司对比分析［J］. 科技管理研究，2013，33（11）：132-137.

［135］陆邵明. 城镇景观重构中的全球性与地方性的耦合路径与其界面［J］. 上海交通大学学报（哲学社会科学版），2015，23（6）：70-79.

［136］聂耀东，彭新武. 复杂性思维·中国传统哲学·深层生态学［J］. 思想理论教育导刊，2005（4）：39-43.

［137］潘世东，林玲. 论"道与"中国文化自然观的逻辑起点［J］. 广西社会科学，2001（1）：29-33.

［138］齐童，王亚娟，王卫华. 国际视觉景观研究评述，地理科学进展［J］. 2013：975-983.

［139］乔雨."大博物馆"建设：八达岭长城景区未来发展的新思路［J］. 旅游学刊，2001（3）：41-43.

［140］宋立民，于历战，李朝阳. 回顾与前瞻：清华大学美术学院环境艺术设计系发展脉络与学科建设［J］. 装饰，2019（9）：22-25.

［141］宋立民，鲁苗，路怡斐. 清华大学校园景观评价［J］. 设计，2016（1）：33-36.

［142］宋立民. 对环境设计专业理论建设的思考［J］. 设计，2017（7）：96-97.

［143］宋立民. 把脉中国特色景观评价［J］. 设计，2015（7）：29-31.

［144］宋文雯. 色彩，景观的外衣［J］. 设计，2015（7）：32-35.

［145］孙超，刘永学，李满春，等. 近35年来热带风暴对我国南海岛礁的影响分析［J］. 国土资源遥感，2014（3）：135-140.

［146］孙迟，祝清爽. 论地域文化在室内设计中的应用［J］. 设计，2015（13）：64-65.

［147］孙怡然. 海坨山古崖居规划布局特点分析研究［J］. 山西建筑，2014，40（3）：36-37.

［148］汤一介. 论"天人合一"［J］. 中国哲学史，2005（2）：5-10，78.

［149］唐鸣镝. 历史文化名城旅游协同思考——基于"历史性城镇景观"视角［J］. 城市规划，2015，39（2）：99-105.

［150］田韫智. 美丽乡村建设背景下乡村景观规划分析［J］. 中国农业资源与区划，2016，37（9）：229-232.

［151］王保忠，王保明，何平. 景观资源美学评价的理论与方法［J］. 应用生态学报，2006，17（9）：1733-1739.

[152] 王红，范若冰. 马克思主义整体性视域下高校校园文化建设路径探析 [J]. 高教探索，2019（7）：33-37，43.

[153] 王敏，侯晓晖，汪洁琼. 生态——审美双目标体系下的乡村景观风貌规划：概念框架与实践途径 [J]. 风景园林，2017（6）：95-104.

[154] 王涛. 建筑遗产保护规划与规划体系 [J]. 规划师，2005，21（7）：104-105.

[155] 王献溥. 北京市延庆县生态建设的成就和展望 [J]. 北京农业，392（3）：55-60.

[156] 王云才. 乡村景观旅游规划设计的理论与实践 [M]. 北京：科学出版社，2004.

[157] 吴世江，张奇，李均超，等. 贯彻落实生态文明发展战略，建设国际一流的生态文明示范区——《延庆分区规划（国土空间规划）（2017—2035年）》编制思考 [J]. 北京规划建设，2019（6）：63-67.

[158] 吴云，何礼平，方炜淼，日本历史文化街区景观风貌调研方法及启示 [J]. 建筑学报，2016，6：44.

[159] 伍嘉冀. 城郊区域的治理模式探究——基于上海市的实证研究 [J]. 云南行政学院学报，2016，18（4）：145-149.

[160] 肖鸿燚. 我国城郊农村旅游的现状分析与对策探讨 [J]. 农业经济，2016（3）：73-74.

[161] 肖竞，曹珂. 基于景观"叙事语法"与"层积机制"的历史城镇保护方法研究 [J]. 中国园林，2016，32（6）：20-26.

[162] 熊筱，代莹，宋峰，等. 基于形态学的历史性城镇景观遗产价值判识与地理过程分析——以庐山牯岭镇为例 [J]. 人文地理，2017，32（3）：36-43.

[163] 徐志辉. 整体性：人类思维方式的共同发端 [J]. 河南师范大学学报（哲学社会科学版），2003（1）：1-4.

[164] 杨勇科. 城市更新与保护 [J]. 现代城市研究，2012.

[165] 杨媛媛，职建仁. 豫北传统村落空间形态与生态营造研究——以太行山麓林州市南丰村为例 [J]. 美与时代（城市版），2018（10）：59-61.

[166] 尹钧科. 延庆县——历史文化宝地 [J]. 北京社会科学，1992（4）：15+26-30.

[167] 尹婷婷. 城市道路景观设计研究 [J]. 黑龙江科技信息，2014.

[168] 余青，樊欣，刘志敏，等. 国外风景道的理论与实践 [J]. 旅游学刊，2006，21（5）：91-95.

［169］余青，莫雯静. 风景道建设是人类生态文明的发展趋势［J］. 综合运输，2011（1）：74-78.

［170］余青，宋悦，林盛兰. 美国国家风景道评估体系研究［J］. 中国园林，2009：93.

［171］俞孔坚，段铁武，李迪华，等. 景观可达性作为衡量城市绿地系统功能指标的评价方法与案例［J］. 城市规划，1999（08）：7-10，42，63.

［172］俞孔坚，论风景美学质量评价的认知学派［J］. 中国园林，1988（4）：16-19.

［173］郁书君. 自然风景环境评价方法——景观的认知、评判与审美［J］. 中国园林，1991（1）：17-22，58.

［174］袁嫄. 北京松山自然保护区质量管理分析［J］. 旅游纵览（下半月），2015（6）：188-189.

［175］张岱年. 中国哲学中"天人合一"思想的剖析［J］. 北京大学学报（哲学社会科学版），1985（1）：3-10.

［176］张慧远. 景观规划：概念、起源于发展［J］. 应用生态学报，1999.

［177］张沛，李信仕，赵国锋. 国外乡村发展经验对我国西部地区新农村建设的若干启示［J］. 西安建筑科技大学学报（社会科学版），2007（3）：46-51.

［178］张三元，邹月. 马克思主义整体性研究的回顾与展望［J］. 社会科学动态，2018（4）：32-37.

［179］张世英. 中国古代的"天人合一"思想［J］. 求是，2007（7）：34-37，62.

［180］赵庆海，费利群. 国外乡村建设实践对我国的启示［J］. 城市问题，2007（2）：51-55.

［181］郑文俊. 旅游视角下乡村景观价值认知与功能重构——基于国内外研究文献的梳理［J］. 地域研究与开发，2013，32（1）：102-106.

［182］中国园林. 还土地和景观以完整意义［J］.

［183］朱力. 批评型体验——认知建构理论与环境艺术设计教学新理念［J］. 美苑，2008（4）：66-68.

［184］朱绍文，张立，孙春林. 八达岭林场森林资源价值评估及生态效益经济补偿的初步探讨［J］. 北京林业大学学报，2003（S1）：71-74.

［185］张祖群. 试论国内外城乡一体化的经验、误区以及对北京的借鉴［C］. 首都经济贸易大学、北京市社会科学界联合会. 2012城市国际化论坛——世界城市：规律、趋

势与战略选择论文集.首都经济贸易大学、北京市社会科学界联合会：北京市社会科学界联合会，2012：190-203.

[186] 李春晖，刘颂，周腾，等. 美国景观绩效系列（LPS）工具应用进展［C］//中国风景园林学会2016年会.

[187] 聂婷，王建军，胡垚，等. 基于网络数据挖掘的珠江景观评价研究［C］//新常态：传承与变革——2015中国城市规划年会论文集（04城市规划新技术应用）.

[188] 秦萧，甄峰. 基于大数据应用的城市空间研究进展与展望［C］//城市时代，协同规划——中国城市规划年会.

[189] 卢新潮. 大数据技术辅助城市设计的可能性探究［C］. 中国科学技术协会、广东省人民政府. 第十七届中国科协年会——分16大数据与城乡治理研讨会论文集. 中国科学技术协会、广东省人民政府：中国科学技术协会学会学术部，2015：115-119.

[190] 冉斌，邱志军，裘炜毅，等. 大数据环境下手机定位数据在城市规划中实践［C］. 城市时代，协同规划——2013中国城市规划年会，2013.

[191] 郝新华:《基于多源数据的奥林匹克森林公园南园使用状况评估》［C］，中国城市规划学会:《规划60年：成就与挑战——2016中国城市规划年会论文集（11风景环境规划）》，北京：中国建筑工业出版社，2016：47-56.

[192] 陈宇. 景观评价方法研究［J］. 室内设计与装修论坛，2005.

[193] 李良. 历史时期重庆城镇景观研究［D］. 重庆：西南大学，2013.

[194] 肖竞. 西南山地历史城镇文化景观演进过程及其动力机制研究［D］. 重庆：重庆大学，2015.

[195] 黄丽坤. 基于文化人类学视角的乡村营建策略与方法研究［D］. 杭州：浙江大学，2015.

[196] 刘沛林. 中国传统聚落景观基因图谱的构建与应用研究［D］. 北京：北京大学，2011.

[197] 黄斌. 闽南乡村景观规划研究［D］. 福州：福建农林大学，2012.

[198] 季翔. 城镇化背景下乡村景观格局演变与布局模式［D］. 北京：中国农业大学，2014.

[199] 朱怀. 基于生态安全格局视角下的浙北乡村景观营建研究［D］. 杭州：浙江大学，2014.

［200］黄丽坤. 基于文化人类学视角的乡村营建策略与方法研究［D］. 杭州：浙江大学，2015.

［201］孙炜玮. 基于浙江地区的乡村景观营建的整体方法研究［D］. 杭州：浙江大学，2014.

［202］黄丽坤. 基于文化人类学视角的乡村营建策略与方法研究［D］. 杭州：浙江大学，2015.

［203］赵秀娥. 马克思主义整体性研究［D］. 北京：中共中央党校，2014.

［204］蒲创国. "天人合一"正义［D］. 上海：上海师范大学，2012.

［205］马兰. 马克思的整体性思想及其当代价值研究［D］. 武汉：武汉理工大学，2017.

［206］宋春丽. 当代整体性思维视角下的"和谐社会"构建［D］. 烟台：鲁东大学，2012.

［207］许华. 马克思社会和谐思想研究［D］. 合肥：安徽大学，2011.

［208］宋春丽. 当代整体性思维视角下的"和谐社会"构建［D］. 烟台：鲁东大学，2012.

［209］蒋小玉. 北京延庆遗产资源的保护与可持续发展研究［D］. 北京：中国地质大学，2010.

［210］李琨. 自然保护区的生态环境保护与可持续发展［D］. 北京：中国地质大学，2010.

［211］孙旭鹏. 乡村绿道的景观评价研究和应用［D］. 北京：北京林业大学，2014.

［212］赵伟. 设计的"跨边界"［D］. 南京：南京艺术学院，2017.

［213］赵伟. 广义设计学的研究范式危机与转向［D］. 天津：天津大学，2012.

［214］潘俊峰. 边缘·边界·跨界［D］. 天津：天津大学，2013.

［215］罗元云. 高校学科壁垒融通的大智慧［D］. 武汉：华中师范大学，2014.

［216］曾水兵. 从单向性到整体性：人学观转变与现代教育路向探索［D］. 长春：东北师范大学，2008.

［217］王纯静. 戴维·佩珀生态社会主义理论研究［D］. 甘肃：兰州大学，2013.

［218］Christine Tudor. Approach to Landscape Character Assessment.Natural England［R］. 2014.

[219] NZILA Education Foundation. Landscape Assessment and Sustainable Management10.1 [R]. 2010.

[220] UNESCO. Explanatory Report to the European Landscape Convention [R]. 2000.

[221] 宋慰祖. 让中国设计走向世界之巅 [N]. 人民政协报，2016.